AUENLAND AARGAU

Legenden für die vorangehenden Doppelseiten:

Im Gippinger Grien.

Giessen bei Aarau mit sich wiegendem Kleinen Merk.

Auf der Schacheninsle bei Brugg.

Schachtelhalm an der Aare.

Am alten Aarelauf bei Brugg.

Ein Frühlingsbote: das Buschwindröschen.

www.as-verlag.ch

Gestaltung & Satz: www.as-grafik.ch, Urs Bolz
Projektleitung & Lektorat: AS Verlag, Philipp Ramer
Korrektorat: AS Verlag, Martha-Emilia Höschel
Druck & Einband: BALTO print
ISBN: 978-3-03913-062-7

Der AS Verlag wird vom Bundesamt für Kultur
für die Jahre 2021–2024 unterstützt.

Heinz Staffelbach

AUENLAND
AARGAU

Oasen der Artenvielfalt
und Orte zum Entspannen

AS Verlag

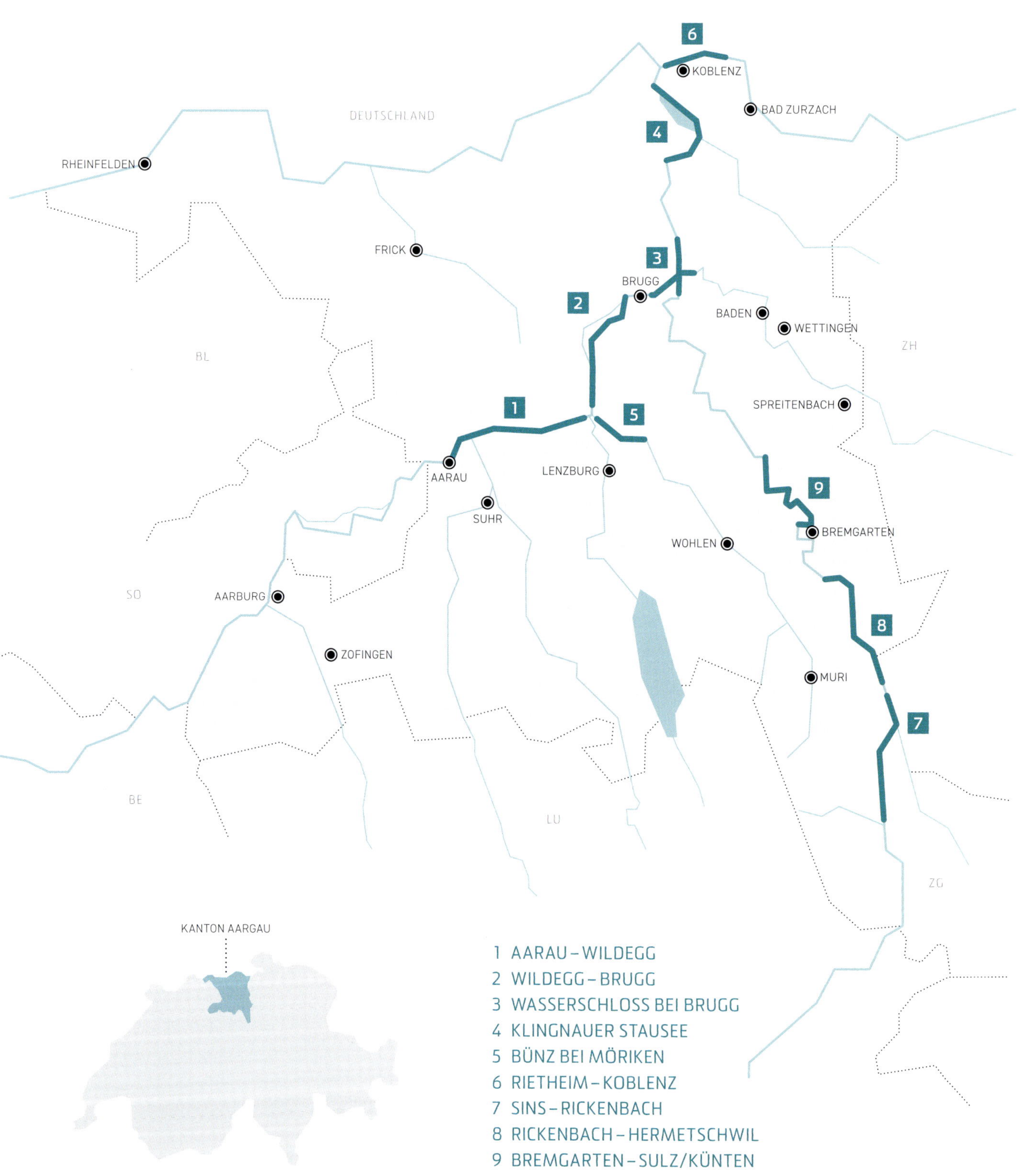

DEUTSCHLAND
6
KOBLENZ
BAD ZURZACH
4
RHEINFELDEN
FRICK
3
BRUGG
2
BADEN
WETTINGEN
ZH
BL
SPREITENBACH
1
5
AARAU
LENZBURG
9
SUHR
BREMGARTEN
WOHLEN
SO
AARBURG
8
ZOFINGEN
MURI
7
BE
LU
ZG
KANTON AARGAU
1 AARAU – WILDEGG
2 WILDEGG – BRUGG
3 WASSERSCHLOSS BEI BRUGG
4 KLINGNAUER STAUSEE
5 BÜNZ BEI MÖRIKEN
6 RIETHEIM – KOBLENZ
7 SINS – RICKENBACH
8 RICKENBACH – HERMETSCHWIL
9 BREMGARTEN – SULZ/KÜNTEN

Inhalt

Wander- und Sachbuch zum Auenschutzpark Aargau

Vorwort von Regierungsrat Stephan Attiger

Geniessen Sie unseren einzigartigen Auenschutzpark Aargau!

Was gibt es Schöneres als eine Wanderung oder einen Spaziergang in einem Auengebiet? Auen bieten Ruhe und Inspiration abseits von der lauten Zivilisation und vom anspruchsvollen Arbeitsalltag; sie bieten eine Nähe und Verbindung zur Natur, wie sie in unserer hektischen Zeit immer wichtiger werden. Hier können wir die Stille und die natürliche Schönheit der Landschaft geniessen. Das leise Rauschen des Windes im Laub der Bäume, das ruhig dahinfliessende Wasser, ein keckernder Laubfrosch oder ein schillernder Eisvogel: Das ist Entschleunigung pur, Wellness für Körper und Seele – und dies erst noch gratis und quasi direkt vor der Haustüre.

Die Weitsicht der Aargauerinnen und Aargauer hat vor 30 Jahren die Basis gelegt für unseren Auenschutzpark Aargau. Seither sind wir mit Erfolg daran, den Auftrag zu erfüllen, den uns das Volk über eine Verfassungsinitiative gegeben hat: Mindestens 1 Prozent der Kantonsfläche soll zu einem Auenschutzpark werden. Neben der erwähnten Naherholung für die Menschen wurden so Naturwerte geschaffen, die nicht mit Geld zu bemessen sind. Auen bilden dynamische Übergangsbereiche zwischen Land und Wasser und spielen damit eine zentrale Rolle im Wasserkreislauf und für den Hochwasserschutz. Sie bieten zudem eine einmalige Vielfalt an Lebensräumen und Ökosystemen und beherbergen unzählige Tier- und Pflanzenarten. Damit leisten sie einen wesentlichen Beitrag gegen die leider zunehmend schwindende Biodiversität.

Wir haben viel erreicht, wir können und dürfen uns aber nicht auf unseren Lorbeeren ausruhen. Die Erhaltung und die Renaturierung von Auengebieten, in denen sich Artenvielfalt und natürliche Dynamik entfalten können, ist eine Daueraufgabe. Dabei gilt es weiterhin, das Gleichgewicht zu finden zwischen der Erholungsnutzung durch die Menschen und den berechtigten und schützenswerten Bedürfnissen der Tier- und Pflanzenwelt. Die Arbeit im Auenschutzpark geht uns also nicht aus, beispielsweise mit den geplanten Projekten in Rietheim, Fischbach-Göslikon oder Villnachern. Ausserdem beschäftigen uns weitere Themen, die direkt oder indirekt auf die Auen Einfluss haben – etwa die Umsetzung der Revitalisierungsplanung, der Ausbau der Ökologischen Infrastruktur, das Naturschutzprogramm Wald und vieles mehr.

Der Auenschutzpark ist durch eine Volksinitiative entstanden. Die Umsetzung wäre nicht möglich gewesen ohne das Engagement und Herzblut von Bürgerinitiativen, Naturschutzorganisationen, Gemeindebehörden, Kraftwerksbetreibern, Forstverwaltungen, Grundeigentümerinnen und Grundeigentümern, des Grossen Rates usw. Was gemeinsam erreicht wurde, ist wirklich einzigartig und trägt dazu bei, den Aargau als attraktiven Kanton und Wassertor der Schweiz zu positionieren. Herzlichen Dank!

Die Aargauerinnen und Aargauer können stolz sein auf ihren Auenschutzpark: Gehen Sie hinaus und geniessen Sie dieses wunderbare Werk!

Regierungsrat Stephan Attiger
Vorsteher Departement Bau, Verkehr und Umwelt

Das Auenland Aargau

TV-Serie: Die Schweiz sucht die Super-Natur
In dieser neuen (fiktiven) TV-Show treten zwei Teams gegeneinander an. In einem der Duelle müssen sie in einer Debatte einen Lebensraum, der ihnen per Los zugeteilt wurde, als den besten und wertvollsten darstellen. Das Team 1 hat «Berge» gezogen, das Team 2 den Lebensraum «Auen». Team 1 darf beginnen. Drei – zwei – eins – los!

Team Berge: Ist doch klar. Wir sind die Spitze der Schöpfung. Unsere Dufourspitze steigt über 4600 Meter hoch – da habt ihr keinen Stich.

Team Auen: Ha! – Bei uns ist eben genau das Gegenteil ein Trumpf. Weil es so flach ist, können sich die Flüsse wunderbar ausbreiten und überall Oasen für die Natur bilden.

Team Berge: Unschlagbar sind wir bei den Tieren. Bei uns oben gibt es welche, die es nur bei uns gibt. Steinböcke, Gämsen oder Murmeltiere. Was sagt ihr nun?

Team Auen: Der ist easy. Berge nehmen ja auch 60 % der Landesfläche ein – klar gibt es da ein paar Spezialisten. Unsere Auen umfassen zwar nur 0,7 % der Landesfläche, aber in ihnen können 84 % der Tierarten leben. Und 12 % der Tierarten können sogar *nur* in Auen leben.

Team Berge: Weiteres Beispiel gefällig? Nehmen wir doch die Alpenblumen. Edelweiss, Enzian, Steinbrech, Mannsschild, die gibt es halt nur bei uns oben.

Team Auen: Danke für den Steilpass. Auch in den Auen gibt es jede Menge Pflanzen, die nur in Auen wachsen. Beispiele gefällig? Die Schwarz-Pappel, der Schweizer Alant, das Silber-Raugras und die Wasserfeder. Und sogar Alpenpflanzen kommen in unseren Auen vor; sie gelten als Eiszeitrelikt – ein Beispiel ist die Trollblume.

Team Berge: Dafür gibt's bei uns oben den Nationalpark im Engadin und viele Schutzgebiete.

Team Auen: Ja, ja, die geschützten Alpen – schaut mal all die Bahnen und Bähnchen an. In der Schweiz sind alle Auen per Gesetz geschützt, da gibt's keine Skilifte und Drehrestaurants. Und im Aargau sind in den letzten 30 Jahren viele Auen renaturiert worden.

Team Berge: Ok, ok. Bei uns in den Bergen haben wir dafür viele Wasserreserven. In Form von Gletschern und Stauseen etwa. Davon könnt ihr nur träumen.

Team Auen: Da habt ihr mal wieder nicht über die Nasenspitze hinausgedacht. Alles Wasser kommt ja schliesslich bei uns im Tiefland auch durch. Und in den grossen Ebenen speist es riesige Grundwasservorkommen – in den Auen sind diese besonders gut geschützt.

Team Berge: Und sowieso, wenn jemand in die Ferien gehen will, dann kommt er ganz bestimmt zu uns hoch.

Team Auen: Das mag sein. Aber unzählige Menschen möchten auch mal an einem Sonntagnachmittag etwas spazieren gehen und sich erholen. Das können sie wunderbar, oft gleich vor den Toren der Stadt, in den Aargauer Auen.

Stiller Frühlingsmorgen im Moos bei Rottenschwil.

Was sind nun genau Auen?

Auen sind Gebiete, die vom Wasser geprägt sind, meist von Flüssen oder Bächen; man kann aber auch die Ufer von Seen dazuzählen. In natürlichen Auen kommt es durch Hochwasser immer wieder zu kleineren oder grösseren Überflutungen – diese sind sogar nötig, um die Auen als solche zu erhalten. Auch ein schwankender Grundwasserspiegel ist charakteristisch für natürliche Auen. Ohne Hochwasser würden wichtige Lebensräume wie kahle Kiesinseln im Fluss verschwinden, und auch die angrenzenden Wälder würden ihren Auencharakter verlieren.

Aber diese Hochwasser zerstören doch viel Natur!

Auf gewisse Art stimmt das. Hochwasser lassen die Ufer einbrechen, Bäume stürzen um und Waldgebiete werden überflutet. Aber genau das ist das Wertvolle an dieser Dynamik: Das mitgerissene Material wird an einem anderen Orte wieder abgelagert. Es bilden sich neue Kiesinseln, die dann Lebensraum für Pionierpflanzen sind und auf denen etwa der Flussregenpfeifer brüten kann. Umgestürzte Bäume, die in den Bach oder Fluss ragen, sind wunderbare Rückzugsorte für Fische. Und Weichholzauen erhalten sich nur dort, wo es genügend oft zu Überflutungen kommt. Weiter landeinwärts sind diese seltener; hier kann sich hingegen eine Hartholzaue entwickeln.

Diese Auendynamik, also die periodischen Überschwemmungen und damit der Transport von viel Geschiebe, wirkt auf den ersten Blick wie eine Schädigung der Aue. Sie ist aber auf Dauer absolut nötig, um die Aue zu erhalten.

Weichholzaue, Hartholzaue – was bedeutet das genau?

In einer natürlichen Aue an einem Fluss im schweizerischen Mittelland gibt es verschiedene Zonen. Läuft man vom Wasser weg immer weiter in den Wald, durchquert man diese Zonen:

Unten: Im glasklaren Giessen-Wasser bei Aarau wiegt sich der Kleine Merk.

Rechts: Hochwasser an der Bünz.

1. Wasser- und Uferzone: Das Wasser selbst ist ein Lebensraum für unzählige Kleintiere und Fische. Auf Kies- und Sandinseln und auch am Ufer können sich Pionierpflanzen ansiedeln. Dauert es etwas länger bis zum nächsten Hochwasser, können auch Büsche wie zum Beispiel verschiedene Weidenarten Fuss fassen.
2. Weichholzaue: Wandert man weiter vom Wasser weg, kommt man in der Regel in die sogenannte Weichholzaue. Hier sind die Überschwemmungen seltener, und es kann sich ein Pionierwald mit Weiden und Erlen bilden. Die haben ein eher leichtes und weiches Holz, darum heisst diese Zone Weichholzaue.
3. Hartholzaue: Spaziert man noch weiter, kommt man schliesslich in die Zone der Hartholzaue. Hier sind Überschwemmungen sehr selten, oder es gibt sie gar nicht. Unter diesen Bedingungen kann sich der Wald ungestörter entwickeln, und Baumarten wie Eschen, Ahorn, Ulmen oder gar Buchen, Eichen und Fichten können gedeihen.

Aber diese Dynamik, gibt es die überhaupt noch?

Das ist ein wichtiger Punkt. Auch wenn im Aargau viel für den Schutz und die Renaturierung von Auen getan wurde, so fehlt die Dynamik weitgehend. Mit anderen Worten: Die Hochwasser können viele Ufer und Uferwälder nicht mehr überfluten, können kein Geröll, Kies und keinen Sand mitreissen und andernorts wieder ablagern. Das ist so, weil die meisten Uferabschnitte hart verbaut sind und der Abfluss durch die Wasserkraftnutzung in seitliche Dämme gelegt ist.

Es gibt aber einige Ausnahmen. Die schönste davon ist die kleine Bünz oberhalb von Wildegg. Ein grosses Hochwasser hat 1999 die Landschaft auf einer Länge von etwa einem Kilometer vollständig umgestaltet und den Bachlauf verlegt. Genau das ist Dynamik, und man hat danach entschieden, der Bünz in Zukunft diese Dynamik zu lassen. Aus diesem Grund hat dieser Abschnitt das Prädikat «Aue von nationaler Bedeutung» erhalten.

Wie renaturiert man nun eine Aue?

Zu den naheliegendsten Projekten bei einer Renaturierung eines Gebiets gehört es, neue Seitenarme des Hauptflusses, neue Bachgerinne oder Tümpel zu bauen. Wichtig ist aber auch, die natürliche Dynamik durch Hochwasser wieder zu ermöglichen. Nur ist das mit den Gegebenheiten vor Ort nicht immer einfach durchzuführen. Es bestehen vielleicht Längsdämme, es gibt Kraftwerksanlagen, Siedlungen und andere Infrastrukturbauten, und dann müssen natürlich auch immer die Grundeigentumsverhältnisse berücksichtigt werden. Meistens aber lassen sich einige der nachfolgenden Massnahmen umsetzen:

- Harte Uferverbauungen entfernen und so natürliche Ufer schaffen.
- Verlandete Seitenarme und Stillgewässer ausbaggern, damit das Wasser wieder fliessen oder Regen- und Grundwasser sie füllen kann.
- Neue Fliessgewässer und Altwasserarme schaffen.
- Intensiv genutztes Kulturland extensiv bewirtschaften, wie Äcker in Dauergrünland umwandeln, Feucht- und Riedwiesen anlegen, Wirtschaftswälder in Weichholz-Auenwald überführen.
- Wanderhindernisse für Fische und andere Wassertiere entfernen.

Bei all diesen Massnahmen wird immer darauf geachtet, dass die Auen auch für die Menschen attraktive Erholungsräume sind. Mit spezifischen Lenkungsmassnahmen werden diese so gestaltet, dass die empfindliche Tierwelt nicht zusätzlich gestört wird.

Warum muss immer so viel in den Unterhalt von Auen gesteckt werden?

In den meisten Auen im Aargau fehlen die natürliche Dynamik und der Geschiebetrieb, zudem reichen viele Verkehrsachsen, Leitungen und Siedlungen bis nahe an die Flüsse heran. Wären unsere Flüsse nicht so stark durch viele Nutzungsinteressen eingeengt und gäbe es die ursprüngliche Dynamik noch, könnten sich die Auen selbst erhalten. Da aber

Unten: Schwimmbagger beim Einsatz gegen die Verlandung der Stilli Rüss bei Rottenschwil.

Rechts: Beweidung verhindert die Verbuschung.

die Auen nur innerhalb ihrer Parkgrenzen wild sein dürfen und die angrenzende, teure Infrastruktur weiterhin genutzt werden soll, kann nur ein regelmässiger Unterhalt beides sicherstellen. Darum muss der Mensch mit Baumaschinen nachhelfen und die Effekte der flusstypischen Dynamik nachbilden. Offene Auenflächen und Riedwiesen verbuschen und müssen jährlich gemäht werden, wenn sie nicht zu Wald werden sollen. Stillgewässer verlanden und müssen periodisch erneuert werden, wenn sie nicht austrocknen sollen. Letztlich dient der regelmässige Unterhalt dem Werterhalt des Auenschutzparks.

Wie geht es den Auen in der Schweiz?

Seit 1850 sind etwa 90 % der Auenflächen in der Schweiz verschwunden. Aufgrund der letzten Erfolgskontrolle des nationalen Aueninventars durch das Bundesamt für Umwelt (BAFU) aus dem Jahr 2020 gibt es in der Schweiz 326 Auengebiete, die zusammen eine Fläche von 278 km² bedecken, wobei die alpinen Auen mit den grossen Gletschervorfeldern auch dazu gezählt werden. Das ist nicht einmal 1 % der Landesfläche.

Das Aueninventar hat auch die ökologische Qualität der Auengebiete bewertet. Dabei hat sich gezeigt, dass nur 38 % in einem guten Zustand sind. Und nur bei 27 % war der geforderte Auenschutz juristisch und planerisch umgesetzt. Aber immerhin sind in 151 Gebieten kleinere oder grössere Renaturierungen durchgeführt worden.

Ist der Aargau der Schweizer Meister in Sachen Auenschutz?

Auf gewisse Art kann man das sagen, denn kein anderer Kanton hat den Auenschutz in seiner Verfassung verankert und so konsequent umgesetzt – dank der Annahme einer Volksinitiative im Jahr 1993. Seither hat der Aargau auf einer Fläche von über 16 km² viele Renaturierungsprojekte umgesetzt und monotone Flussabschnitte wieder in vielfältige Auen umgewandelt.

Der Verlust an Auenflächen zwischen 1833 und 1993 betrug im Kanton Aargau 88 %. Mit der Umsetzung des Auenschutzparks konnte dieser Verlust in den vergangenen 30 Jahren um 20 % (auf 68 %) wettgemacht werden.

Bis 2024 hat der Auenschutzpark Aargau folgende Massnahmen realisiert:
- 14,3 km neue Fliessgewässer
- 11,1 km renaturierte Fliessgewässer
- 9,9 km renaturierte Ufer
- 458 neue Stillgewässer
- 1198 sanierte Stillgewässer
- 59 Aufwertungs-Eingriffe im Wald und
- 26 neue Brücken.

Wie geht es weiter mit dem Auenschutz im Kanton Aargau?

Mit der Annahme der Auenschutz-Initiative hat der Kanton den Auftrag erhalten, auf mindestens 1 % der Kantonsfläche die Auen zu schützen und zu renaturieren. Dieses Flächen-Ziel ist nun erreicht. Das heisst aber nicht, dass der Kanton jetzt die Hände in den Schoss legt. Denn qualitativ kann noch nicht der gesamten Fläche das Prädikat «gut» erteilt werden. Und ein paar Projekte sind wegen Verfahrensverzögerungen für eine Umsetzung noch nicht bereit. In den nächsten Jahren aber sollen sie die gewünschte Auenqualität erhalten.

Zur Werterhaltung der bisher getätigten Investitionen ist auch ein regelmässiger Unterhalt notwendig. Dies ist eine Daueraufgabe. Grosse Neubauprojekte werden künftig wohl weniger anfallen. Trotz des Erreichten sind noch viele Arten bedroht, die eine weitere Unterstützung benötigen.

Unten: Bauarbeiten im Meieried bei Mellikon, 2021.

Rechts: Tiefstand der Aare im Hitzesommer 2011 – ein grosser Stress für viele Fische.

Was bedeutet der Klimawandel für die Aargauer Auen?

Die Klimaerwärmung betrifft die Schweiz ganz besonders. Während weltweit die Durchschnittstemperaturen in den letzten 150 Jahren um 0,9 °C gestiegen sind, sind es in der Schweiz für die Periode 2013 bis 2023 bereits 2,8 °C. Spür- und sichtbar wird das für uns Menschen vor allem durch Hitzewellen im Sommer, schmelzende Gletscher (minus 60 % Volumen seit 1850) und nur noch halb so viele Schneetage im Tiefland.

Der Klimawandel bringt für unsere Auen-Ökosysteme eine ganze Reihe von neuen Stressfaktoren mit sich.

- Trockenperioden im Sommer können die Abflussmengen in Flüssen und Bächen mindern, den Grundwasserspiegel senken und Auengebiete förmlich austrocknen lassen.
- Mit den häufigeren und längeren Trockenperioden und den höheren Temperaturen drohen auch Feucht- und Riedwiesen vermehrt auszutrocknen; über kurz oder lang werden gewisse an Feuchtgebiete gebundene Tier- und Pflanzenarten verloren gehen.
- Mit den Trockenperioden werden auch viele Tümpel im Auenschutzpark austrocknen und ihre Dichtigkeit verlieren. Es ist mit zunehmendem Unterhaltsaufwand zu rechnen. Bereits in der Vergangenheit mussten Tümpel durch die Feuerwehr vor dem Austrocknen bewahrt werden.
- Die höheren Temperaturen setzen auch den Fischen zu. Die Äsche etwa bevorzugt Wassertemperaturen, die nicht höher als 17 °C sind. Ab längeren Perioden über 18 °C wird es für sie kritisch. Diese Temperatur wird aber in vielen Flüssen im Sommer überschritten. Bereiche mit Grundwassereintritten in den Fluss oder Mündungsbereiche von kleineren, kühleren Gewässern bieten in dieser Zeit wichtige Rückzugshabitate. Funktionierende Auen, die das Zusammenspiel von Grundwasser und Oberflächengewässer ermöglichen, leisten daher einen wichtigen Beitrag zum Erhalt kälteliebender Fischarten. Andernfalls ist zu befürchten, dass Äschen, aber auch Forellen grossenteils aus dem Auenschutzpark und dem Schweizer Mittelland verschwinden werden und bald nur noch in den höhergelegenen Flüssen der Voralpen vorkommen werden.

Das Jahr in den Aargauer Auen

Im Frühling

Nach fast einem halben Jahr Winter mit Kälte und Dunkelheit und mit kahlen und stummen Wäldern fühlt sich der Frühling für uns Menschen wie ein Neubeginn des Lebens an – dieses Grün, dieses Blühen, dieses Zwitschern überall! Mit den steigenden Temperaturen erwacht die Natur aus ihrem Winterschlaf, und für viele Arten geht es jetzt vor allem darum, sich zu paaren und für eine neue Generation zu sorgen.

Insekten Mit den wärmeren Tagen erwachen die meisten Insekten zu neuem Leben – Eier entwickeln sich nun weiter, Raupen laben sich an den frischen Blättern und wachsen unentwegt, und überwinternde Wildbienen kriechen wieder aus ihren Löchern im Boden oder ihren Verstecken in Bäumen.

Fische Auch die Fische werden jetzt generell wieder aktiver. Allerdings erstreckt sich die Laichzeit für verschiedene Arten über einen grossen Zeitraum im Jahr. Während die Äsche vom Spätwinter bis in den Vorfrühling laicht und der Flussbarsch (Egli) vom späten Frühling bis im Frühsommer, hat dies die Forelle bereits im Spätherbst oder im frühen Winter getan.

Amphibien Bereits in den ersten warmen und regnerischen Februarnächten kriechen die ersten Amphibien aus ihren Winterverstecken und machen sich auf den Weg zu ihren Laichgewässern. Je nach Art liegt die Laichzeit im Zeitraum von Mitte Februar bis Anfang Juni. Einige Arten wie die Erdkröte und die Geburtshelferkröte verlassen die Laichgewässer schon nach wenigen Tagen wieder und wandern in ihre Sommergebiete.

Vögel Bereits ab Ende Februar erscheinen die ersten Zugvögel wieder bei uns; zu den frühesten Ankömmlingen gehören der Kiebitz, der Star und die Ringeltaube. Weitere folgen mit jeder Woche, bis dann Mitte Mai auch der Pirol, der Sumpfrohrsänger und die Zwergdommel bei uns sind. Generell treffen Arten je später bei uns ein, je weiter sie den Winter im Süden, etwa im tropischen Afrika, verbracht haben. Jetzt gibt es für Vögel fast nur ein Thema: einen Partner oder eine Partnerin finden (wer noch Single ist), ein Nest bauen, sich paaren und die Eier ausbrüten.

Biber Der Frühling ist für den Biber die Zeit, um allfällige Schäden an seinen Bauen und Burgen auszubessern. Im Auenschutzpark hausen die meisten Biber nicht in grossen Astburgen, sondern in Höhlen, die sie in den Ufersand graben. Die Jungen werden zwischen Ende April und Ende Juni in diesen Bauen geboren.

Oben: Unterwegs an der Reuss.

Unten links: Kiebitz-Männchen im Prachtkleid.

Unten rechts: Bärlauch am Reussufer.

Im Sommer

Mit den warmen Tagen und dem üppigen Grün auf den Wiesen, in den Röhrichten, auf Bäumen und Sträuchern ist der Sommer die geschäftigste Zeit für die meisten Arten im Auenschutzpark – das Leben ist jetzt satt, bunt und intensiv. Der Sommer kann aber auch seine Gefahren mit sich bringen. Heftige Sommergewitter können Bäche und Flüsse anschwellen lassen und so Vogelgelege und zahllose andere Tiere mitreissen. Das wirkt auf den ersten Blick wie eine Katastrophe; solche Ereignisse gehören aber zur Dynamik von natürlichen Auen und sorgen dafür, dass beispielsweise regelmässig frische und unbewachsene Kiesinseln entstehen – auf denen die Vögel dann wieder geeignete Brutplätze finden.

Insekten Insekten sind in ihrer Aktivität von der Temperatur abhängig, und so ermöglichen es ihnen die warmen Sommertage, ihrem Geschäft nachzugehen. Sie können brüten, und Jugendstadien wie Larven, Raupen und Nymphen können sich weiterentwickeln.
Fische Für die meisten Arten ist der Sommer die Zeit, zu fressen und zu wachsen. Für die Vegetarier unter ihnen gibt es jetzt reichlich Algen und andere Wasserpflanzen, während die Räuber sich über Jungfische und andere Beutetiere hermachen. Sollte es zu warm werden, suchen empfindliche Arten Kühlung im Uferschatten oder ziehen in tiefere, kältere Zonen der Gewässer.
Amphibien Mit warmen Frühlings- und Frühsommertagen ist die Entwicklung der Kaulquappen zu ausgewachsenen Fröschen, Kröten oder Unken schnell vor sich gegangen. Die meisten Arten leben nun in ihren Sommergebieten: Das können Tümpel sein, feuchte Wiesen, Riedgebiete, oder auch umliegende Wälder.
Vögel Jetzt gilt es, weiterhin die Jungen auszubrüten und zu füttern. Viele Arten können zwei Mal (so der Zaunkönig) oder sogar dreimal hintereinander brüten (Amsel oder Haussperling); das erhöht die Chance, bei einem Verlust durch Sturm oder Räuber doch noch Junge grossziehen zu können.
Biber Auch für den Biber ist der Sommer eine geschäftige Zeit; er kann sich an allen möglichen Pflanzenteilen satt fressen – an Blättern, Trieben, Gräsern und Früchten – und so Fettpolster für den Winter anlegen.

Oben: Die Aare bei Gebenstorf.

Unten links: Wiesen-Bocksbart an der Bünz.

Unten rechts: Weibchen eines Faulbaum-Bläulings.

Im Herbst

Allmählich ziehen wieder Langsamkeit und Bedächtigkeit in die Natur ein. Mit den sinkenden Temperaturen bereiten sich viele Pflanzen auf den Winter vor und lassen im Oktober und November ihre Blätter fallen. Viele Tiere bereiten sich ebenfalls auf die kalte Jahreszeit vor, je auf ihre eigene Art und Weise.

Insekten Viele erwachsene Insekten sterben nun. Sie haben aber bereits im Frühling und Sommer für Nachkommen gesorgt, die in Form von Eiern oder Raupen den kommenden Winter zu überstehen versuchen werden.
Fische Mit den sinkenden Temperaturen nimmt im Herbst auch die Aktivität vieler Fische ab. Einige Arten fressen sich einen Fettvorrat für den Winter an, andere ziehen in ihre Überwinterungsgebiete.
Amphibien Ab etwa Oktober suchen sich die Amphibien geeignete Unterschlüpfe für den Winter. Viele Arten suchen sich Löcher und Spalten im Wald; einige andere wie den Grasfrosch und den Kleinen Wasserfrosch zieht es zu Gewässern.
Vögel Das Brutgeschäft ist nun abgeschlossen und in den Auen und den Wäldern ist es stiller geworden. Von August bis Mitte Oktober ziehen die Zugvögel wieder in den Süden. Zu den Ersten, die wegziehen, gehören der Pirol und der Schwarzmilan, zu den Letzten das Rotkehlchen und der Stieglitz. Vögel, die weiter im Norden gebrütet haben, beispielsweise in Skandinavien, ziehen nun über die Schweiz hinweg in den Süden und legen allenfalls eine Ruhe- und Fresspause bei uns ein. Die sogenannten Standvögel jedoch bleiben ganzjährig in der Schweiz.
Biber Der Biber frisst im Herbst nochmals möglichst viel, um sich ein dickes Fettpolster für den kommenden Winter zuzulegen.

Oben: Giessen bei Aarau.

Unten links: Biber.

Unten rechts: Gänsesäger bei Rupperswil.

Im Winter

Kälte hat sich über das Land gelegt, die Wälder sind kahl und braun, und manchmal liegt gar Schnee im Auenland Aargau. Für die meisten Tiere und Pflanzen ist das die Zeit der Ruhe und des Ausharrens bis zum nächsten Frühling, und alle haben ihren eigenen Weg finden müssen, mit der Kälte und mit weniger Nahrung umgehen zu können. Doch es gibt auch Ausnahmen …

Insekten Im Allgemeinen überdauern Insekten den Winter als Ei, als Raupe oder als Larve. Einige ausgewachsene Schmetterlinge wie der Grosse Fuchs und der Trauermantel dagegen harren in einem Versteck aus. Auch einige der erwachsenen Laufkäferarten und erwachsene Wildbienen überwintern im Boden. Der Erstaunlichste ist der Zitronenfalter: Er hängt an einem Grashalm oder Ast und übersteht auch im Freien Temperaturen bis minus 20 °C.

Fische Als wechselwarme Tiere sind Fische im Winter generell weniger aktiv – das Sich-Bewegen im kalten Wasser fällt nicht so leicht wie im warmen Sommerwasser. Doch einige Arten laichen gerade im Winter; zu ihnen gehören die Bachforelle und die Rotfeder (Rötel). Auch der Lachs, sollte er einmal regelmässig in den Aargau zurückkehren, laicht im Winter.

Amphibien Amphibien fallen im Winter in eine Winterstarre; Herzschlag und Atmung sind stark heruntergefahren. Viele Arten überwintern in kleinen Höhlen und Verstecken an Land, unter Baumstämmen, Felsbrocken oder in Mäusegängen. Es gibt auch Arten wie den Grasfrosch und den Kleinen Wasserfrosch, die am Grund eines Gewässers überwintern können; über die Haut vermögen sie selbst hier immer noch genug Sauerstoff aufzunehmen.

Vögel Im Herbst hat sich die ganze Vogelwelt in verschiedene Gruppen aufgeteilt – in die Zugvögel, die nun im Süden sind, und in die Standvögel, die bei uns bleiben. Zu den bekanntesten unter Letzteren gehören das Rotkehlchen, die Amsel und der Buntspecht. Es gibt aber auch Arten, bei denen ein Teil bei uns bleibt und ein Teil in den Süden gezogen ist. Quasi als Ausgleich für die «verlorenen» Zugvögel kommt eine Reihe von Wintergästen aus dem Norden zu uns; dazu gehören viele Entenarten wie etwa die Reiher-, die Krick- und die Schnatterente.

Biber Biber sind das ganze Jahr über aktiv und machen in der kalten Jahreszeit weder einen Winterschlaf noch fallen sie in eine Winterruhe. Zwischen Januar und März paaren sich die Biber – sie tun dies Bauch an Bauch schwimmend. Da es im Winter weniger Blätter, Früchte und Triebe gibt, ernähren sie sich jetzt gerne von Weidenrinden; dazu fällen sie auch ganze Bäume.

Oben: Aare bei Brugg.

Unten links: Am Flachsee mit den Innerschweizer Alpen.

Unten rechts: Weissstörche überwintern zunehmend bei uns.

Erlebnistipps im Auenland Aargau

Den Auenschutzpark Aargau kann man wunderbar erkunden und erleben, auf kürzeren Spaziergängen oder längeren Wanderungen. Schliesslich wurden etwa 20 % des Budgets für die Besucherinfrastruktur verwendet. So sind in den vergangenen Jahren 85 Infotafeln, 23 Feuerstellen, 32 Einrichtungen wie Hides, Beobachtungshügel oder -türme entstanden und es wurden 26 neue Brücken und Stege gebaut.

Doch es ist auch ein wenig wie auf einer Städtereise: Man kann eine fremde Stadt auf eigene Faust erkunden – oder sich aber einer Führung anschliessen. Und kommt so dank Kennern und Expertinnen an die schönsten Orte und erfährt auch die spannendsten Geschichten. Orte und Geschichten, die einem sonst verborgen geblieben wären. Auch für den Auenschutzpark (und den ganzen Kanton Aargau) gibt es eine ganze Reihe von Angeboten, um besonders viel zu erfahren und zu erleben. Hier ein Überblick:

Kleine Entdecker und Forscherinnen.

Das Naturama Aargau

Das Museum gleich beim Bahnhof in Aarau bietet viel – für verschiedene Besuchertypen und zu diversen Themen:

- Dauerausstellung zu den Aargauer Auen, mit 90-minütigen Führungen
- Wechselnde Ausstellungen zu diversen Themen
- Für Kinder: Kinderclub, Theater, Exkursionen, Ferienpässe und mehr
- Exkursionen im ganzen Auenschutzpark für Privatpersonen, Firmen und Schulklassen, mit Themenschwerpunkten wie Biber oder Fledermäuse
- Audiopfad und Auen-Rätselpfad zu den Auen im Rohrer Schachen
- Ein kleines Café

Naturama Aargau
Feerstrasse 17
5000 Aarau
Tel. 062 832 72 00
www.naturama.ch

Das BirdLife Naturzentrum Klingnauer Stausee

Am südlichen Ende des Klingnauer Stausees und am Ortsrand von Kleindöttingen liegt das BirdLife Naturzentrum Klingnauer Stausee. Hier gibt es diese Angebote:

- Eine moderne Ausstellung
- Einen Erlebnispfad durch den Auengarten hinter dem Haus (zur Brutzeit sieht man hier mit grosser Wahrscheinlichkeit Eisvögel)
- Führungen für Gruppen und Schulklassen
- Veranstaltungen für Familien und Erwachsene
- Ein kleines Café

BirdLife-Naturzentrum Klingnauer Stausee
Stauseestrasse 101
5314 Kleindöttingen
Tel. 056 268 70 60
www.naturzentrum-klingnauerstausee.ch

Das Zieglerhaus in Rottenschwil

Das Zieglerhaus ist quasi die Basis der Stiftung Reusstal, die sich aktiv bei den Renaturierungsprojekten an der Reuss eingebracht hat. Das sind die Angebote des Zieglerhauses:

- Ausstellung zum Thema Auen, Riedwiesen und Flachsee
- Exkursionen und Kurse
- Webseite mit umfassenden Informationen zur Natur im Reusstal

Stiftung Reusstal
Zieglerhaus
Hauptstrasse 8
8919 Rottenschwil
Tel. 056 634 21 41
www.stiftung-reusstal.ch

BirdLife, Pro Natura und WWF-Sektionen Aargau

Alle drei Umweltorganisationen bieten ein grosses Programm an Anlässen, Exkursionen und Natureinsätzen für Kinder, Familien und Erwachsene. Die Programme sind einsehbar unter:

- www.birdlife-ag.ch
- www.pronatura-ag.ch
- events.wwf.ch

Auenschutzpark Aargau

Auf der Homepage des Auenschutzparks gibt es eine umfangreiche Dokumentation zur Geschichte des Auenschutzparks, zu den einzelnen Auengebieten und zu diversen Renaturierungs- und Förderprojekten.

- www.ag.ch/auenschutzpark

Leave no trace

Es ist manchmal eine Art Spagat, den die Auen im Auenschutzpark Aargau hinbekommen müssen: Sie sind einerseits Lebensraum für sensible und störungsempfindliche Arten, sind aber andererseits auch Erholungsgebiet für viele Menschen. Damit das zusammengeht und «zartbesaitete Arten» wie der Flussregenpfeifer nicht «tschüss» sagen und sich aus den Auen verabschieden, müssen wir Menschen uns verantwortungsvoll in den Auengebieten bewegen und verhalten. Das englische Motto «leave no trace» bedeutet, keine Spuren zu hinterlassen, also möglichst sanft und still und ohne Hinterlassenschaften unterwegs zu sein.

So klappt es mit dem Miteinander von Mensch und sensiblen Arten:

- Respektieren Sie die Regeln und Wegegebote im Auenschutzpark.
- Der Schutz des Lebensraums der Tiere und Pflanzen hat erste Priorität. Auch wenn man näher gehen möchte: Im Moor herumtrampeln, die Magerwiese niedertreten oder im Feuchtgebiet herumstapfen sind alle ein klares *No-Go*.
- Besonders Vögel am Nest sind oft sehr störungsempfindlich. Bereits wenige Störungen können zur Aufgabe des Nests führen. Nähern Sie sich darum nie Nestern, und verursachen Sie keinen Lärm.
- Nehmen Sie auch beim Baden und Bootfahren Rücksicht auf Tiere; halten Sie Abstand zu Schilf, Kies- und Sandbänken sowie Vogelansammlungen. Nähere Informationen gibt es unter www.natur-freizeit.ch
- Entfachen Sie bitte keine «wilden» Feuer, sondern benutzen Sie nur die offiziellen Feuerstellen.
- Lassen Sie keine Hunde frei laufen und lassen Sie sie nicht in Fischaufstiegsgewässern baden.

Folgende Doppelseite:
Der Biber ist ein exzellenter Schwimmer – und Taucher.

AARAU–WILDEGG

Das Prunkstück des Auen-schutzparks

Würde man die Bünz «die kleine Freche» nennen, dann wäre das Gebiet zwischen Aarau und Wildegg «die grosse alte Dame». Denn hier wurde bisher am meisten in die Renaturierung investiert und in Wert gesetzt. Das Resultat: verschiedene Auenlebensräume folgen Schlag auf Schlag, von neuen Altarmen über Giessen und Tümpellandschaften bis zu tollen Fischtreppen und neuen Flussläufen.

Ein paar tiefe Seufzer wäre den Planer:innen beim Anpacken dieses Auengebiets durchaus zu verzeihen gewesen. Denn diese vor langer Zeit grossartige Auenlandschaft zwischen Aarau und Wildegg, etwa zehn Kilometer lang und bis zu anderthalb Kilometer breit, hat in den letzten 150 Jahren viel einstecken müssen und dabei viel Auenkraft verloren.

- Ab 1865 wurde die Aare im Gebiet Rupperswil in ein massives und beinahe schnurgerades Bett aus Jurakalksteinen gelegt. Die Steine dazu wurden in den Steinbrüchen in Biberstein und Auenstein gebrochen. Undenkbar heute: die Einwohner der Region wurden verpflichtet, in Fronarbeit bei der schweren Handarbeit mitzuhelfen.
- Die Juragewässerkorrektionen im Drei-Seen-Land ab 1868 verminderten die Hochwasserspitzen flussabwärts stark. Damit verringerten sich auch die für Auen so wichtigen Überflutungen.
- Viel Auenland ging durch den Bau des Flusskraftwerkes Rupperswil-Auenstein verloren. Durch die Kanalisierung und den Bau von neuen Hochwasserdämmen wurden grosse Auengebiete vom Fluss getrennt und so von den lebensnotwendigen Überflutungen abgeschnitten.
- Auch beim Rupperswiler Schachen und linksufrig bis Auenstein wurde durch die Kanalisierung die Verbindung zwischen Auenland und Fluss stark geschwächt.

Die Nase – ein Fisch mit Bug

Dieser 25 bis 40 cm lange Fisch hat einen sehr passenden Namen – seine Kopfspitze ragt nämlich wie eine Nase über das Maul. So kann der Fisch gut Algen von den Steinen abkratzen. Die Nase ist ein Wanderfisch, der in grossen Schwärmen seine Laichgebiete aufsucht. Er braucht ganz unterschiedliche Lebensräume – für die Eiablage kiesigen Grund, für die Jungfische aber auch strömungsgeschützte Bereiche, und zum Fressen flache Zonen mit algenbewachsenen Steinen. Früher war die Nase in der Schweiz ein sehr häufiger Fisch. Heute ist sie vom Aussterben bedroht. Zu den hauptsächlichen Gründen gehören die vielen Wanderhindernisse in unseren verbauten Flüssen.

Vorangehende Doppelseite: An der neuen Flussaue Rupperswil. Im Vordergrund eine Zypressen-Wolfsmilch.

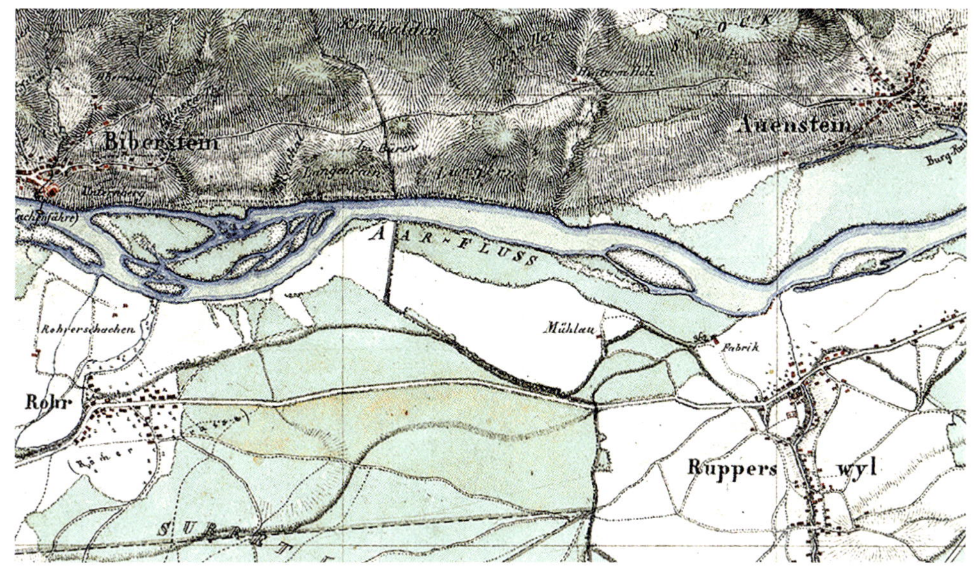

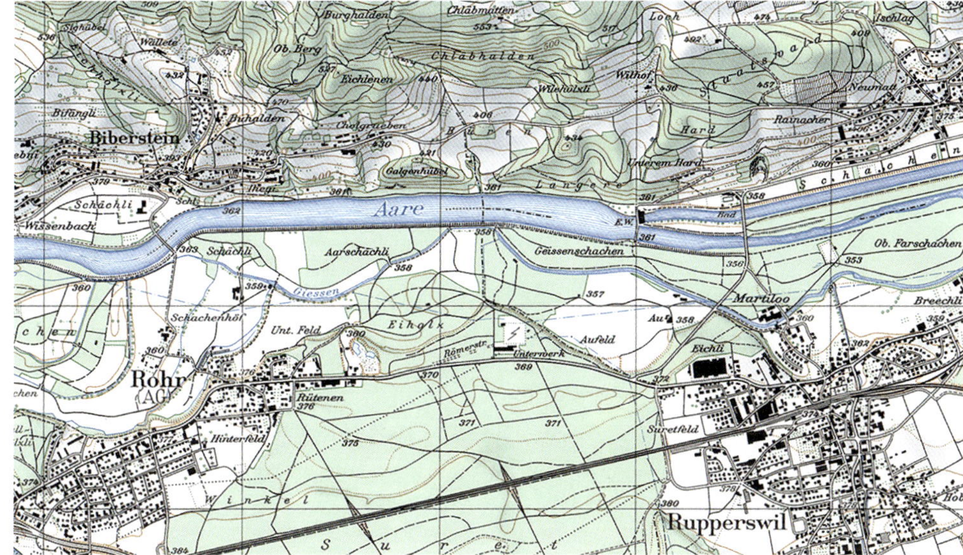

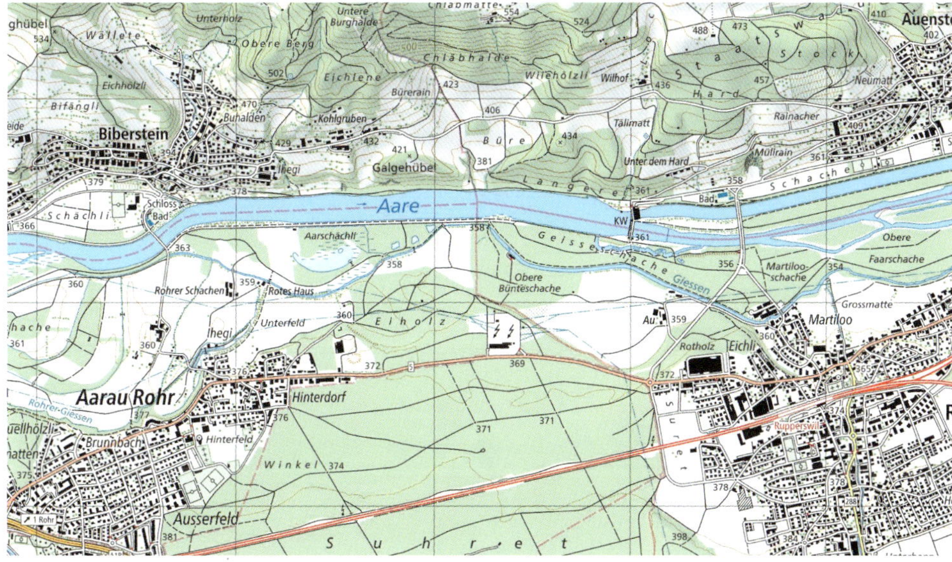

Die Aare zwischen Aarau Rohr und Rupperswil im Laufe von fast 200 Jahren.

1837–1843: Eine weitgehend naturnahe Flusslandschaft und nur kleine Ortschaften.

1994: Viele Seitenarme sind verschwunden, der Fluss ist kanalisiert.

2024: Bei Aarau Rohr sind wieder neue Gewässer sichtbar, bei Rupperswil die langen neuen Seitenarme.

Natur aus Baggerkraft

Das sieht nach einer ziemlich schwierigen Ausganglage aus. Aber was der Mensch zerstören kann, kann er mit etwas Geld und viel Baumaschinenpower auch wieder neu schaffen. Und vor allem: Trotz der vielen Eingriffe hatte das Gebiet zur Zeit der Planung des Auenschutzparks noch ein paar starke Trümpfe in der Hand. Trümpfe, auf denen man aufbauen und eines der Kerngebiete des Auenschutzparks schaffen konnte:

- Es gab keine Siedlungen im Überflutungsgebiet.
- Es gab keine Deponien oder Altlasten, die man mit viel Aufwand erst hätte sanieren müssen.
- Es bestanden keine Gas-, Wasser- oder Abwasserleitungen, die das Gebiet querten.
- Es gab hier und dort noch wertvolle Auenrelikte, auf denen man aufbauen konnte.
- Eine Spezialität war ein Netz von Giessen, also Bächen, deren glasklares Wasser vom Grundwasser gespeist wird.

Der Eisvogel – die schillernde Schönheit

Welcher einheimische Vogel gefällt Ihnen am besten? Der Wiedehopf mit seiner Haube? Der bunte Distelfink? Oder der elegante Rotmilan? Wenn Ihnen bunte Kleider gefallen, dann werden Sie auch den Eisvogel lieben. Wer sonst hat schon ein Kleid, das auf dem Rücken blau schimmert und am Bauch orange leuchtet! Gerne sitzt der nur 40 Gramm schwere Vogel auf einem Ast über dem Fluss, um immer wieder mal blitzschnell ins Wasser zu stossen und mit einem kleinen Fisch im Schnabel herauszuschiessen. Wichtig sind für ihn steile, sandige Flussufer, in denen er 40 bis 80 cm lange Bruthöhlen graben kann. Ein Paar kann in einem Sommer acht oder mehr Junge aufziehen. In der Schweiz gibt es heute nur noch etwa 500 Brutpaare. Umso wichtiger ist es, Bäche, Flüsse und Auenlandschaften zu schützen und wo möglich zu renaturieren.

Vorangehende Doppelseite:
Entspannen und Geniessen an der Aare bei Aarau.

Linke Seite, oben:
Huflattich an der neuen Flussaue bei Rupperswil.

Linke Seite, unten:
Am Umgehungsgewässer bei Rupperswil, hinten Gelbe Schwertlilien.

Folgende Doppelseite:
Neues Seitengerinne bei Rupperswil. Um Ufersand hat eine Silberweide Fuss gefasst.

Gebiete, die dank den Renaturierungsprojekten wieder auentypischer aussehen, sind schön, aber die Spezialist:innen des Auenschutzparks möchten natürlich auch wissen, ob die umgesetzten Massnahmen wirkungsvoll waren – oder mit anderen Worten, ob die Artenvielfalt mit ihnen auch gestiegen ist. Darum wird die Anzahl Arten einer bestimmten Artengruppe (zum Beispiel Libellen) gezählt und diese Erhebung einige Jahre später wiederholt. In den Jahren 2003 und 2004 konnten im Auengebiet Aarau-Wildegg 25 Libellenarten gezählt werden, zehn Jahre später waren es 38 Arten. Das artenreichste Gebiet waren dabei die Flachteiche beim Aarschächli: Allein hier konnten unglaubliche 31 Arten festgestellt werden, unter ihnen auch der potenziell gefährdete Kleine Blaupfeil. Die hübschen, hellblau gefärbten Männchen sitzen gerne an besonnten Plätzchen und kehren manchmal während vieler Tage nach jedem Flug zu diesem zurück. Hier warten sie auch auf die braun-gelben Weibchen, um sich mit ihnen zu paaren.

Hinsitzen und die Gedanken laufen lassen. Am Umgehungsgewässer bei Rupperswil.

Wandertipp Aarau–Wildegg

Sie ziehen in Aarau los und wandern Richtung Wildegg? Sie können sich freuen, denn seit 2003 wurde hier viel renaturiert. Auf den elf Kilometern kommen Sie an einer ganzen Serie von unterschiedlichen und eindrücklichen Auenlebensräumen vorbei.

START: Bahnhof Aarau

ROUTE: Durchwegs auf dem Aargauer Weg 42 bis nach Wildegg.

KENNDATEN: Länge 11 km, praktisch ebene Strecke, ca. 2 3/4 Std.

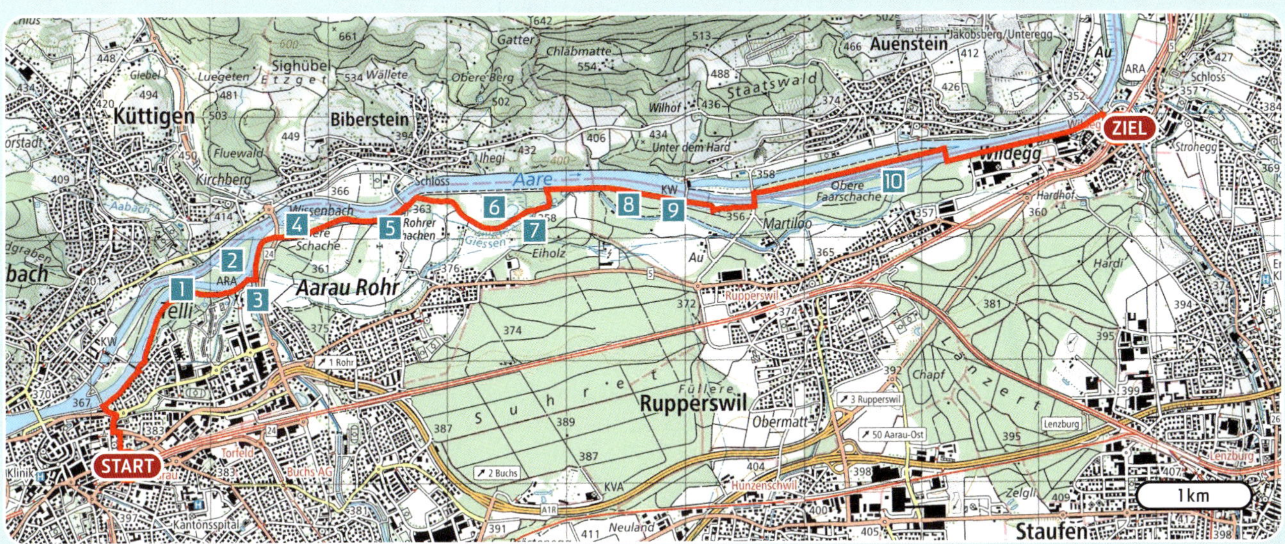

1 Hartholzaue Summergrien

Das Summergrien ist eine Hartholzaue, die gelegentlich überschwemmt wird. Hier wachsen Eichen, Traubenkirschen und Eschen, und im Frühling spriesst hier die seltene Weinberg-Tulpe.

2 Naturschutzgebiet Zurlinden-Insel

Die Insel zwischen dem Kraftwerkskanal im Norden und der Alten Aare gleich beim Wanderweg ist ein Naturschutzgebiet und nicht zugänglich. Die Ufer sind gesäumt von mächtigen Silberweiden und Schwarz-Pappeln, an denen der Biber regelmässig seine Spuren hinterlässt.

3 Renaturierte Suhre

Oberhalb der Mündung wurde die Suhre auf etwa 300 Metern Länge renaturiert. Früher gab es hier eine zwei Meter hohe, senkrechte Schwelle, die für Fische unpassierbar war. Sie wurde entfernt und durch eine flache, aufgelöste Blocksteinrampe ersetzt, sodass alle Fische wieder aufwärts wandern können. An warmen Apriltagen ist hier eine der grössten Nasen-Wanderungen im Aargau zu beobachten.

4 Neue Weichholzaue

Mit dem Bau der neuen Staffeleggstrasse und einer neuen Brücke über die Aare ergab sich die Gelegenheit, ökologische Ersatz- und Ausgleichsmassnahmen zugunsten der beeinträchtigten Auenlandschaft zu realisieren. Auf einer Länge von 900 Metern wurde der Hochwasserdamm zurückversetzt, sodass der Fluss wieder ein Waldstück überfluten kann. Hier soll sich spontan ein Weichholz-Auenwald entwickeln können. Dies wurde zusätzlich unterstützt durch das Ausbaggern eines neuen Seitenarms, in dem Jungfische sich zurückziehen können. Weiter wurden im Auenwald 22 Kleingewässer für Amphibien angelegt. Und schliesslich wurde südseitig des Damms der benötigte Entwässerungskanal als naturnahe Giesse gestaltet. Das macht Freude: Im Gebiet wurde schon bald der stark gefährdete Flussuferläufer beobachtet, und er hat hier gar schon einmal gebrütet.

10

10

5 Giessen
Im Rohrer Schachen gibt es viele Giessen, also Bachläufe, die nur von Grundwasser gespeist werden, und in ihrer Zahl sind sie einmalig für das Aaretal. Im stets glasklaren Wasser gedeihen der Wassersellerie, die Brunnenkresse und der Dreistachlige Stichling; der Biber und der Eisvogel kommen hier vor. Je nach Jahreszeit sind vom Ufer aus die Grundwasseraustritte in der Gewässersohle sichtbar, die wie kleine «Vulkane» permanent Sand in den Bach strömen lassen.

6 Neuer Altarm Aarschächli
Im Aarschächli bei Rohr wurde im Wald eine grosse, 340 Meter lange Mulde ausgebaggert. Was heute wie ein stiller See aussieht, ist allerdings ein (neuer) Altarm, ein nachgebildetes Auengewässer im Grundwasser. Die Ufer wurden so modelliert, dass unterschiedliche Bereiche mit verschiedenen Wassertiefen entstehen, von drei Meter tiefen Zonen bis zu seichten Flachwasserbereichen. Die anfänglich kahlen Flächen sind inzwischen von einer üppigen Ufervegetation bedeckt.

Schon bald eroberten Grasfrösche und Erdkröten den neuen Lebensraum, und in der kalten Jahreszeit überwintern hier viele Enten. Etwas östlich wurden zusätzlich drei Waldweiher angelegt, für Amphibien, Libellen und den heimlichen Zwergtaucher.

7 Sumpflandschaft
Hinter dem Sichtschutzwall südlich des Weges breitet sich eine 1,3 Hektaren grosse Sumpflandschaft aus. Hier wurde der Boden bis auf das Grundwasserniveau abgetragen. Dann wurden Dutzende kleine, flache Tümpel mit einem Bagger modelliert. So kann sich das Wasser in diesen Mulden schnell erwärmen, was den gefährdeten Gelbbauchunken sehr gefällt, und die Libellenvielfalt ist hier besonders gross. Weil diese Fläche schnell zuwächst und dies die Lebensbedingungen für die Unken verschlechtern würde, wird jedes Jahr eine Hälfte der Tümpellandschaft erneut umgewühlt. Dadurch kann der Pioniercharakter erhalten bleiben.

8 Magerwiesen
Auf der besonnten Seite des Aaredamms gedeiht eine artenreiche Magerwiese zwischen den locker stehenden Bäumen. In gewissen Jahren sind hier Massenvorkommen der Spitzorchis zu finden.

9 Umgehungsgewässer
Wasserkraftwerke versperren Fischen den Weg, wenn sie stromaufwärts oder abwärts schwimmen wollen, zum Beispiel auf der Suche nach guten Laichplätzen. Hier beim Kraftwerk Rupperswil-Auenstein gibt es zwei alte Fischtreppen, welche den heutigen Anforderungen nicht mehr entsprechen. Sie werden in den kommenden Jahren saniert oder neu gebaut, so dass alle Fischarten auch beim Turbinenhaus frei wandern können.

Bereits 2010 hat der Auenschutzpark einen richtig schönen «Umfahrungsbach» um das Wehr herum angelegt. Er ist fast 700 Meter lang und bis zu 20 Meter breit. In ihm wechseln sich schnell fliessende Strecken, tiefe Becken und flache Zonen ab – so können Fische durchwandern. Wer zudem wie die Äsche, Barbe oder Nase laichen möchte, findet hier auch dafür gute Plätzchen.

Nicht verpassen: Etwa 60 Meter nach dem Wehr gibt es hier eine Fischzählkammer, in der durch zwei Schaugläser die vorbeischwimmenden Fische beobachtet werden können. Näher an der Action geht gar nicht. (Werden Zählungen durchgeführt, ist die Zählkammer allerdings nicht zugänglich.)

3

10 Dynamische Flussaue

Diese ausgedehnte Flussstrecke ist so etwas wie das Kerngebiet des ganzen Auenschutzparks. Jedenfalls was die Dimensionen betrifft: Auf fast zwei Kilometern wurde hier der ganze Flusslauf umgestaltet. Der harte Uferschutz wurde weitgehend entfernt und ein zusätzlicher Flussarm mit vollständig unverbauten Ufern gestaltet. Dadurch kann bei Hochwasser auf einer Breite von 250 Metern ein Ufer erodieren, und das Bodenmaterial wird anderswo als Kiesinsel wieder abgelagert. Dieser ständig wiederkehrende Prozess, diese Dynamik, ist der Motor einer Aue.

Unterstützt wird dieser Prozess durch einen massiven, 200 Meter langen Wasserteiler (gut zu sehen von der Strassenbrücke unterhalb des Kraftwerks). Er sorgt dafür, dass bei Hochwasser möglichst viel Wasser in dieses Seitengerinne fliesst und die Dynamik verstärkt.

Auch für die Besucher:innen wurde viel gemacht. Gleich vier neue Brücken wurden für Wandernde gebaut, dazu fünf Feuerstellen, es wurden viele Informationstafeln aufgestellt und sogar ein Fussballplatz wurde verlegt. Fast die Hälfte der Baukosten von 10 Millionen Franken wurden für diese Erholungsinfrastruktur ausgegeben.

Libellen – die flinken Feen

Mit ihrem oft glitzernden und bunten Kleid, ihren zarten durchscheinenden Flügeln und ihrem gaukelnden Flug über stille Wasser sind sie wie Feen aus einer Märchenwelt: die Libellen. Sie bringen Leichtigkeit und Verspieltheit an jeden Tümpel und jeden Wassergraben – und sie tragen diese Leichtigkeit und Verspieltheit auch in die Herzen der Menschen, die sich die Musse nehmen, ihnen vom Ufer aus zuzuschauen und sich von ihnen beglücken zu lassen.

Die Körperkonstruktion der Libellen ist einzigartig. Eine Vielzahl von Tricks und Anpassungen ermöglicht ihnen das Leben über Wasser.

- Mit ihren riesigen Augen sehen sie scharf und können gar ultraviolettes und polarisiertes Licht wahrnehmen. So können sie sich im schnellen Flug über die Wasseroberfläche bestens orientieren.
- Dabei helfen auch die Fühler oberhalb der Stirn. Sie riechen nicht nur, sie reagieren auch empfindlich auf die Fluggeschwindigkeit, die Feuchtigkeit und die Temperatur.
- Ihre vier Flügel können sie unabhängig voneinander bewegen, sodass auch die kompliziertesten Flugmanöver möglich sind. Dazu brauchen sie viele starke Muskeln, sodass diese fast die Hälfte der Körpermasse ausmachen.

Auch in puncto Fortpflanzung und Lebenslauf der Libellen gibt es viel Erstaunliches.

- Im sogenannten Paarungsrad packt das Männchen mit seinen kleinen Zangen am Hinterleibende das Weibchen im Bereich des Nackens. Das Weibchen krümmt dann seinen Hinterleib nach vorne, um an der Unterseite des Männchens, nahe seiner Brust, die Spermien aufnehmen zu können.
- Die Eier werden oft gleich nach der Paarung (manchmal aber auch erst viel später) fallen gelassen, an Pflanzenteilen abgestreift oder in weiche Pflanzenteile eingestochen. Manchmal bewachen dann die Männchen das Gelege.

Links: Gebänderte Heidelibelle.

Rechts: Saphirauge.

- Aus den Eiern entwickeln sich die Larven. Diese leben bis zu fünf Jahre unter Wasser und sehen meistens ganz anders aus als die erwachsenen Libellen. Mit einer sogenannten Fangmaske, die mit einem hervorschnellenden, harpunenähnlichen Organ ausgerüstet ist, erbeuten sie ihre Opfer.
- Larven wachsen stetig und müssen sich darum regelmässig häuten – bis zu 17 Mal.
- Bei der letzten Häutung an Land schlüpft eine erwachsene Libelle, die man auch Imago nennt – zurück bleibt die letzte Larvenhaut, die Exuvie. Die erwachsene Libelle lebt an Land, pflanzt sich fort und stirbt nach etwa ein bis drei Monaten.

Oben: Paarungsrad bei der Gabel-Azurjungfer. Das Männchen hält das Weibchen am Nacken fest, das Weibchen holt sich am Bauch des Männchens die Spermien.

Folgende Doppelseite: Zwei Männchen der Gebänderten Prachtlibelle. Die Weibchen sind grünlich und haben keine dunklen Flecken auf den Flügeln.

Libellen sind für die Fortpflanzung auf Gewässer angewiesen. Einige Arten, die Generalisten, kommen mit verschiedenen Gewässertypen zurecht; dazu gehört etwa der Vierfleck. Andere Arten, die Spezialisten, sind auf bestimmte Gewässertypen angewiesen. Die Helm-Azurjungfer etwa braucht Wiesenbäche oder Gräben. Ausserhalb der Paarungszeit leben erwachsene Libellen aber oft weit weg vom Wasser; ideal sind sonnige, vielfältige und blumenreiche Lebensräume, hier finden sie genug Fluginsekten zur Nahrung.

Im Jahr 2024 sind für die Schweiz 81 Libellenarten nachgewiesen worden, für den Kanton Aargau allein 56 Arten. Sehr gut untersucht sind die Flusstäler; Altwasser und grosse Weiher sind dabei besonders artenreich. Hier gibt es oft grosse Bestände von teilweise seltenen Arten. Von neu geschaffenen Flutmulden hat beispielsweise die gefährdete Sumpf-Heidelibelle profitiert.

Grüne Flussjungfer

MERKMALE: Kopf und Brust grün, auf der Oberseite des Hinterleibs dreieckige gelbe Flecken auf schwarzem Grund. 50 bis 60 mm lang, zu beobachten von Juni bis September.

INTERESSANT: In der Schweiz hat die Grüne Flussjungfer einen Verbreitungsschwerpunkt im Aargau. Hier zieht sie für die Fortpflanzung Flüsse vor, sonst macht sie aber auch Ausflüge in die Berge bis auf 1600 Meter.

Gemeine Keiljungfer

MERKMALE: Deutlich getrennte Augen und schwarze Beine. Hinterleib bis zum 7. Segment oben schwarz und mit gelber oder grünlicher Mittellinie, vom 8. bis 10. Segment oben in der Mitte schwarz. 45 bis 50 mm lang, zu beobachten von Mai bis Juni.

INTERESSANT: Diese Keiljungfer-Art kommt vor allem an grösseren Fliessgewässern vor. Männchen und Weibchen sind anfänglich gleich gelb, im Alter wechselt die Farbe der Männchen auf grünlich bis leicht bläulich. Einzelne Individuen findet man bis über 1400 Meter.

Kleine Zangenlibelle

MERKMALE: Meist grüne Augen, ganzer Körper mit sehr variabler gelb-schwarzer Musterung. Bruststoberseite mit zwei schwarz umrundeten gelben Flecken. Männchen mit zangenförmigen Hinterleibsanhängen. 46 bis 50 mm lang. Zu beobachten von Juni bis September.

INTERESSANT: Die Männchen warten auf Steinen oder am Ufer auf paarungswillige Weibchen, andere Männchen werden verjagt. In der Schweiz gibt es zwei Unterarten, eine auf der Alpennordseite und eine im Tessin.

Spitzenfleck

MERKMALE: Breiter und flacher Bauch. An der Basis der Hinterflügel ein schwarzes Dreieck, an der Basis der Vorderflügel ein schwarzer Strich. Hinterleib bei den Männchen vorne blau, hinten schwarz, bei den Weibchen gelborange mit schwarzem Mittelstrich. 42 bis 45 mm lang. Zu beobachten von Mai bis Juli.

INTERESSANT: Seinen Namen hat der Spitzenfleck von den dunklen bis schwarzen Flecken an den Flügelspitzen vor allem der Weibchen. Der Spitzenfleck ist eine Charakterart von Auen in Tieflagen.

Grosse Königslibelle

MERKMALE: Augen grünlich-blau schillernd. Brust grün. Hinterleib beim Weibchen grün, beim Männchen blau, beide mit schwarzer Mittellinie. 66 bis 84 mm lang. Zu beobachten von Mai bis August.

INTERESSANT: Die Grosse Königslibelle ist eine der grössten Libellen Europas und eine der häufigsten und am weitesten verbreiteten Arten in der Schweiz. Dank ihrer Grösse ist sie oft leicht zu entdecken.

Gebänderte Prachtlibelle

MERKMALE: Männchen metallisch blau, Flügel mit blauem Band. Weibchen metallisch grün, Flügel grünlich, aber ohne Band. 45 bis 48 mm lang. Zu beobachten von Mai bis August.

INTERESSANT: Die Gebänderte Prachtlibelle ist bei uns die bekannteste Fliessgewässer-Libelle; sie streift aber auch weit umher zu entfernten Stillgewässern. Die Männchen zeigen ein ausgeprägtes Balzverhalten und verteidigen ihre Reviere.

Wie baut man einen Auenschutzpark?

Interview mit Bruno Schelbert, Programmleiter Auenschutzpark Aargau

Mit einem Verfassungsauftrag, der durch eine Volksinitiative entstanden ist, mit 20 Jahren Zeit und einem anfänglich unbekannten Budget startete die Projektleitung des Auenschutzparks ihre Arbeit nach dem Ja zur Auenschutzinitiative. Keine leichte Aufgabe! So viele Möglichkeiten und Optionen – und so viele Randbedingungen, die es zu berücksichtigen galt! An welchen Flüssen und wo genau soll man was machen? Was, wenn das Land gar nicht dem Kanton gehört? Wie bezieht man die Wasserkraftnutzung mit ein? Was passiert mit all den Wasser-, Strom- und Gasleitungen, die beinahe überall kreuz und quer durch den Untergrund verlaufen? Auf jeden Fall: Dies war ein komplexes Projekt. Ein Interview mit Bruno Schelbert, dem Programmleiter des Auenschutzparks Aargau.

Herr Schelbert, was haben Sie am Montag nach der Abstimmung gemacht? Haben Sie die ersten Bagger losgeschickt, um neue Altarme anzulegen? — Davon habe ich nur geträumt. Zuerst galt es herauszufinden, inwieweit der Auftrag, mindestens 1% der Kantonsfläche in qualitativ gutes Auenland zu überführen, realisiert werden kann. Die Topografie setzt unverrückbare Grenzen, da Auen an Flusstäler gebunden sind. Rund 1600 Hektaren, also die Fläche von gut 2300 Fussballfeldern zu finden in einem Kanton, in dem jeder Quadratmeter genutzt oder gar mehrfach genutzt wird, ist eine schier unmögliche Aufgabe. Das Potenzial schien aber intakt und die ersten Machbarkeitsstudien stimmten optimistisch. Daraus entstand ein Sachprogramm mit einem Flächenvorschlag, einem Ablaufplan und einer Kostenschätzung, welches dem Kantonsparlament zur Genehmigung vorgelegt wurde.

Ging das alles über die Köpfe der Aargauer:innen hinweg? Oder konnten die sich auch äussern? — Die Lokalmedien leisteten hierfür einen wichtigen Beitrag. Sie berichteten oft und regelmässig über all die vielen Teilprojekte, wodurch eine umfassende Information breiter Bevölkerungskreise stattfand. Auch wenn sich der Auenschutzpark auf einen Verfassungsauftrag stützen kann, galten für ihn dieselben Verfahren, die es im Wasserbau zu überwinden gilt, bevor ein Bagger auffahren kann. Das heisst, dass jede einzelne Renaturierung in einem eigenständigen Bauprojekt aufgelegt worden war und alle Stufen von der öffentlichen Mitwirkung über Vernehmlassungen bis letztlich zu Rechtsverfahren durchlaufen hatte.

Wie wurde denn entschieden, in welchen Gebieten man überhaupt etwas macht und wo nicht? Und wo man viel Geld einsetzt und wo nur wenig? — Für jedes Auenteilgebiet wurde zuerst ein Auenentwicklungskonzept erstellt. Alte Karten und historische Aufzeichnungen gaben dafür wichtige Hinweise. Diese Konzepte wurden in breit abgestützten Begleitkommissionen mit Vertreter:innen der betroffenen Gemeinden, Kraftwerke, Naturschutzorganisationen, der Land- und Forstwirtschaft und weiteren Nutzergruppen diskutiert. Daraus entstanden dann die einzelnen Bauprojekte. Deren Prioritätenfolge war nie ein Problem, da sich die generelle Erfüllung des Verfassungsauftrags (1 % der Kantonsfläche) als viel schwieriger erwies.

Auch die Verteilung des Geldes war nie ein Thema, weil die Projekte der öffentlichen Ausschreibung unterstellt waren und der Preis sich jeweils nach dem vorteilhaftesten Angebot der eingereichten Bauofferten richtete. Diese konkreten Angebote bildeten den Kostenvoranschlag und gestützt darauf wurde jeweils der benötigte Kredit bewilligt.

Es gab unendlich viele Randbedingungen – Besitzverhältnisse, Kraftwerkskonzessionen, Trinkwasserfassungen, Kläranlagen, Wald- und Landwirtschaft, Leitungen im Boden, Wanderwege. Wie haben Sie da überhaupt zu Lösungen gefunden? — Mit 1800 Metern Länge war die dynamische Flussaue in Rupperswil der bisher längste Flussabschnitt, welcher der Auenschutzpark in einem Bauprojekt renaturiert hatte. Da sind alle erdenklichen Hindernisse aufgetaucht, für die im Einzelfall eine spezifische Lösung gefunden werden musste. Es ist die Kunst der Projektleiter:innen, für jedes Vorhaben einen bewilligungsfähigen Weg zu finden. Eine allgemeingültige Patentlösung gibt es dafür leider nicht.

Wie hat man die Angebote für Besucher:innen im Auge behalten? — Bereits 1997 hat der Grosse Rat des Kantons Aargau eine partnerschaftliche und nachhaltige Umsetzung beschlossen und den Auenschutzpark verpflichtet, grossräumige und vernetzte Fluss- und Auenlebensräume für Pflanzen, Tiere und Menschen zu schaffen. Mit einer gezielten Besucherlenkung wurde versucht, die Erholungsnutzung an den empfindlichen Standorten vorbeizuführen, damit hier die Tier- und Pflanzenwelt nicht gestört wird. Der Erholungsdruck hat in den vergangenen Jahren jedoch derart stark zugenommen, dass die 26 neu erstellten Brücken, 32 Beobachtungseinrichtungen, 23 Feuerstellen und 85 Infotafeln die Beeinträchtigung von störungsempfindlichen Vogelarten nicht zu verhindern vermag.

Das Naturama Aargau leistet im Auftrag des Auenschutzparks mit diversen Angeboten wichtige Sensibilisierungsarbeit. Birdlife Schweiz hat am Klingnauerstausee in enger Zusammenarbeit mit dem Auenschutzpark ein Naturzentrum errichtet und bietet auf einem Erlebnispfad tolle Einblicke in die wilde Auenlandschaft – ohne dabei die Tiere zu stören.

Wieviel hat das Ganze bis heute gekostet? Und wer hat das alles bezahlt? — Der Auenschutzpark hat in den vergangenen 30 Jahren gut 80 Millionen Franken in Form von Bau- und Planungsaufträgen zur Revitalisierung der Flüsse im Aargau investiert. Da sich die Umsetzung auf einen Verfassungsauftrag stützt, handelt es sich bei gut 85 % um Steuergelder von Kanton und Bund. Knapp 8 % kamen aus der Strassenkasse und der Rest kam in Form von Sponsorengeldern durch Gemeinden, Kraftwerksbetreiber und Naturschutzorganisationen zusammen.

Mächtige Silberweide
an der Aare bei Gebenstorf.

WILDEGG–BRUGG

Mehr Power für die Auen

Viel Naturraum der Aare zwischen Wildegg und Brugg ist in den letzten 80 Jahren verloren gegangen. Die bisherigen, punktuellen Verbesserungen konzentrierten sich auf den unteren Abschnitt, die grösseren sind zurzeit in Planung.

Bis Mitte des letzten Jahrhunderts war die Aare auf diesem Abschnitt ein Wildfluss, der nicht reguliert und nur durch wenige Uferverbauungen geprägt war. Er war verzweigt, konnte Kiesbänke umlagern und die angrenzenden Felder überschwemmen. 1953 wurde in Villnachern das letzte grosse Kraftwerk im Unterlauf der Aare fertiggestellt – und damit war es auch mit der Auendynamik vorbei. Neben der Stromproduktion durch Wasserkraft wurden die Ackerflächen vor weiteren Überflutungen geschützt, und das Siedlungsgebiet konnte sich näher an die Aare ausdehnen.

Es gingen aber auch viele Naturwerte durch diese Eingriffe verloren. Eine sich ständig ändernde Landschaft mit einem mäandrierenden Fluss und zahlreichen Seitengerinnen

Das Bachneunauge – älter als die Fische

Das Bachneunauge ist eine Kreatur voller unglaublicher Geschichten. Bachneunaugen sind nämlich keine eigentlichen Fische, sondern deren Vorläufer, und es gab sie bereits vor 500 Millionen Jahren. Ihre Wirbelsäule besteht nicht aus Wirbeln, sondern lediglich aus Bindegewebe, und auch sonst verfügen sie über keinerlei Knochen.

Am ungewöhnlichsten ist aber ihre Lebensweise – diese erinnert mehr an Insekten denn an Fische. Die abgelegten und befruchteten Eier sinken in ein kiesiges Bachbett. Innert weniger Tage schlüpfen aus ihnen kleine Larven, Querder genannt. Diese lassen sich vom Wasser etwas abtreiben und nisten sich im Sand, Schlamm oder in verrottetem Laub ein. Hier wachsen sie zu wurmähnlichen Kreaturen ohne Augen heran und verharren so an Ort und Stelle für drei bis fünf Jahre. In einer Metamorphose entstehen aus ihnen schliesslich erwachsene Bachneunaugen. Diese haben nun zwei Augen und eine Saugscheibe, aber keinen Verdauungstrakt mehr. Denn sie essen in ihrem kurzen Erwachsenenleben nicht mehr. Nachdem sie sich gepaart haben und die Eier abgelegt sind, sterben sie. Für diese verschiedenen Lebensphasen sind die Tiere auf sehr unterschiedliche Lebensräume angewiesen.

In der Schweiz ist das Bachneunauge stark gefährdet. Der Grund dafür ist vor allem die Verbauung von kleinen und mittelgrossen Bächen; auch reagieren sie sehr empfindlich gegenüber Wanderhindernissen. Es ist daher nicht nur wichtig, möglichst viele dieser Gewässer zu revitalisieren, sondern die Gewässer auch miteinander zu vernetzen.

wurde in einen monotonen Kanal und eine meist wenig Wasser führende Restwasserstrecke umgewandelt. Lange, grosse Hochwasserdämme, wo der Wasserspiegel höher liegt als das angrenzende Kulturland sich befindet, prägen seither das Landschaftsbild. Artenreiche Feuchtwiesen ausserhalb der Dämme trockneten zunehmend aus, so dass sie als Felder und Äcker genutzt werden konnten. Der Verlust an Tier- und Pflanzenarten war darum besonders gross, weil Auenlandschaften zu den artenreichsten Lebensräumen der Schweiz gehören. Obwohl diese heute nur etwa 0,3 % der Landesfläche ausmachen, kommen hier 40 % aller Pflanzenarten der Schweiz vor. Noch ausgeprägter ist es bei den Tieren: 84 % der Tierarten können in Auenlandschaften leben! Und mehr als 30 % aller Laufkäfer kommen vorwiegend oder sogar ausschliesslich in Auen vor.

Gesunde Natur – gesunder Mensch

Daneben haben intakte, dynamische Auen auch Vorteile für uns Menschen. Sie sind Grundwasserspeicher, aus denen wir glasklares Trinkwasser beziehen können. Sie können schädliche Nitrate, die aus der Landwirtschaft und aus Siedlungen stammen, abbauen. Und schliesslich sind sie beliebte und gern besuchte Natur- und Erholungsräume. Hier können wir nach einer stressigen Zeit abschalten und neue Kräfte tanken, um mit einem klaren Kopf wieder nach Hause zu gehen.

Vorangehende Doppelseite: Der ursprüngliche Aarelauf kurz vor Brugg.

Oben: Ein stiller Frühlingsnachmittag an der Aare bei Brugg.

Die Idee des Aargauer Auenschutzparks und der Wunsch der Bürgerinnen und Bürger war, die verbliebenen Auen im Kanton zu erhalten und beeinträchtigte Gebiete zu renaturieren. Die Situation beim Aareabschnitt zwischen Wildegg und Brugg ist nicht ganz einfach, weil die Aare heute auf weiten Strecken höher fliesst, als sich das umliegende Gelände befindet. Im oberen Teil zwischen Wildegg und dem Hauptwehr befinden sich die seitlichen Dämme relativ nahe an der Aare. Eine Aufweitung würde hier lediglich den Stausee verbreitern. Lokale ökologische Aufwertungen von Weihern, Gräben und vernässten Waldstandorten werden regelmässig unterhalten und periodisch erneuert. Im unteren Teil quert die Nationalstrasse A3 die Aue, grosse Gewerbezonen dehnen sich bis unmittelbar an deren Rand aus und Hochspannungsleitungen, Abwasserpumpwerke und Aufschüttungen liegen in Flussnähe. Zudem nutzen die Turbinen des Kraftwerks Wildegg-Brugg so viel Wasser, dass Hochwasser nur noch selten den ursprünglichen Aarelauf umzugestalten vermögen – Hochwasser, die für Auenlandschaften überlebenswichtig sind.

Die Silberweide liebt nasse Füsse

Die Silberweide ist die heimliche Königin der Auen. Auf den ersten Blick ein normaler Baum, entpuppt sie sich beim genaueren Hinsehen beinahe als Wasser-Baum. Sie überlebt Überflutungen von bis zu 190 Tagen im Jahr schadlos und übersteht in Extremfällen gar 300 Tage mit ihren Wurzeln im Wasser. Da geht jeder andere Baum ein. Diese Fähigkeit ermöglicht es der Silberweide, nahe am Fluss zu wachsen, und so ist sie oft die häufigste Baumart in Weichholzauen.

Auch wenn sie in Einzelfällen bis zu 200 Jahre alt werden kann – ihre Tage sind oft schon vorher gezählt. Denn erlaubt es der Wasserstand, so gedeihen in ihrem Schatten alsbald Ulmen, Eschen oder Eichen. Und gegen diese hat die Silberweide keine Chance, sie ist konkurrenzschwach, wie die Botaniker:innen sagen. Erst wenn ein richtiges Hochwasser wieder kahle Flächen schafft, kann sie ihren Trumpf als Pionierart wieder spielen und als einer der ersten Bäume Fuss fassen.

Rechte Seite, oben:
Die Robinie wurde wahrscheinlich im Jahr 1601 von Jean Robin, dem Botaniker der Könige von Frankreich, aus Virginia eingeführt.

Rechte Seite, unten:
Der Schwefelporling wurde früher in der Volksmedizin bei entzündlichen Erkrankungen und Husten angewendet.

Folgende Doppelseite:
Ein Frühsommergewitter zieht auf an der Aare bei Brugg.

Anpacken, wo es geht!

All diese Eingriffe wirkten sich ungünstig auf die Artenvielfalt aus. Aber schon vorher sind Arten wie etwa die Tamariske und die Flussseeschwalbe aus dem Gebiet verschwunden. Dennoch ist das Potenzial für eine Rückkehr typischer Auenbewohner in diesem Auengebiet so gross wie in kaum einem anderen im Aargau. Bisher konzentrierten sich die Renaturierungen hier auf kleinere Massnahmen im unteren Abschnitt zwischen Schinznach Bad und Brugg. Hier wurden neue aquatische Lebensräume unter dem Viadukt der Nationalstrasse A3 geschaffen, der verlandete Seitenarm Strängli wurde einmal ausgebaggert, der Wildibach neu gebaut und viele neue Tümpel auf der alten Badiwiese angelegt. Schon jetzt ist das Auengebiet Wildegg-Brugg Heimat für nicht weniger als 32 Libellenarten, darunter auch seltene (und gefährdete) Arten wie die Pokal-Azurjungfer und die Kleine Zangenlibelle.

Der Flussregenpfeifer – der Sensible

Huscht auf einer Kiesbank plötzlich ein Stein über den Boden – und ist der Spuk gleich wieder vorüber? Das könnte ein Flussregenpfeifer gewesen sein. Er ist so gut getarnt und trippelt so schnell und in kurzen Spurts über das Geröllbett, dass er, kaum hat man ihn entdeckt, wieder unsichtbar wird. Mit einem Fernglas kann man ihn aber gut erkennen, denn er hat einen charakteristischen gelben Ring um die Augen. In der Schweiz gibt es nur etwa 100 Brutpaare, der hübsche Vogel ist leider stark gefährdet. Ein grosses Problem für ihn sind Störungen durch Menschen, die in der Nähe seines Geleges baden, grillieren oder picknicken. Er ist sehr sensibel und gibt dann schnell die Brut auf. In Auen mit solchen Flussinseln sollte man stets alle Störungen vermeiden, ganz nach dem Motto: «Tippelt es über die Steine ganz geschwind, geh ich weiter wie der Wind.»

Oben: Schauen, Hören und einfach Sein. Auf der Schacheninsle bei Brugg.

Unten: Buschwindröschen gehören zu den Frühblühern im Frühling.

Folgende Doppelseite: Am alten Aarelauf bei Brugg.

Projekte in der Pipeline

Das angepasste Gewässerschutzgesetz verpflichtet die Kraftwerksbetreiber, ihre Anlagen für Fische und Geschiebe passierbar zu machen. Deshalb sind zurzeit neue Fischtreppen am Maschinenhaus und am Hauptwehr des Kraftwerkes Wildegg-Brugg in Planung.

Grosses ist um die zwei Hilfswehre in der Alten Aare geplant. Diese wurden einst gebaut, um Wasser zurückzuhalten und so die Versorgung der lokalen Thermalquellen zu schützen. Inzwischen hat sich aber gezeigt, dass diese Wehre dafür gar nicht notwendig sind – und auch nicht für die Stromproduktion. Zur Aufwertung des Auengebiets könnten die beiden Hilfswehre also abgebrochen werden. Die Entfernung ist zurzeit in Planung. In einigen Jahren, wenn die beiden Staubereiche verschwunden sind, wird die Alte Aare wieder auf einer längeren Strecke frei fliessen können, und eine Erhöhung der Restwassermenge wird mit dem geplanten Rückbau der Uferverbauung zusätzliche Dynamik in diese Auen bringen. Wir können uns freuen – und die Natur freut sich mit.

Das Hauptwehr bei Schinznach Bad lässt meist nur noch wenig Wasser in das Flussbett der ursprünglichen Aare.

Wandertipp Schinznach Bad – Brugg

Wer sich auf die Highlights dieses Flussabschnitts konzentrieren möchte, startet am besten in Schinznach Bad und wandert bis zum Bahnhof in Brugg.

START: Schinznach Bad

ROUTE: Zur Aare, auf der rechten Seite der Alten Aare entlang bis zur Brücke bei der Altstadt Brugg und nun zum Bahnhof.

KENNDATEN: Länge 7,5 km, praktisch ebene Strecke, ca. 1 3/4 Std.

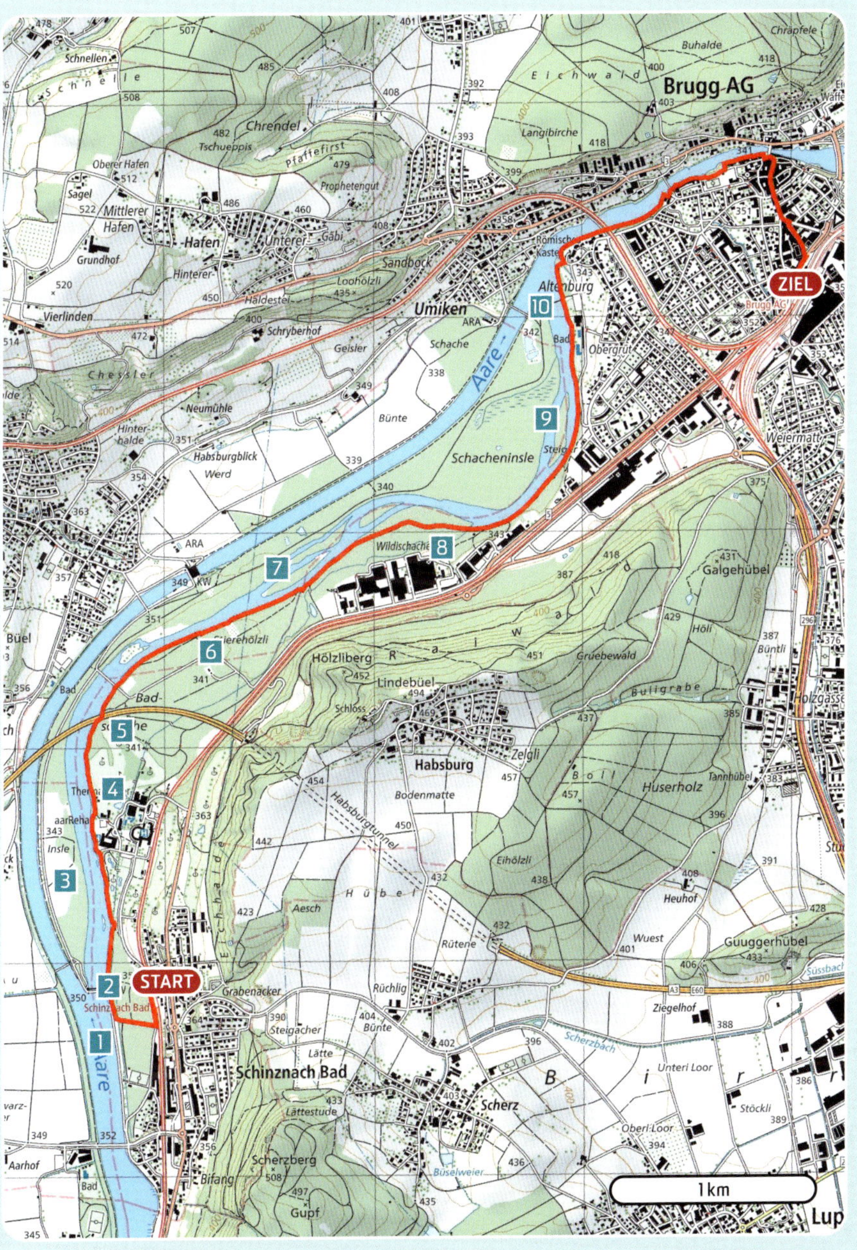

1 Stausee

Oberhalb des Kraftwerks Wildegg-Brugg ist die Aare zu einem See gestaut, dessen Wasserspiegel bis zu 7 Meter höher liegt als das umliegende Kulturland. Die einstigen Überflutungsflächen zu beiden Seiten sind inzwischen trockengefallen und durch Hochwasserdämme vom See getrennt. Im Winter ist der Stausee dennoch ein beliebtes Rastgebiet für verschiedenen Entenarten und Tauchvögel. Die Ufer sind aufgrund der Verlandung vielerorts gesäumt von Schilf und Rohrkolben, und Biber fällen immer wieder mal Weiden oder Pappeln am Ufer.

2 Hauptwehr

Dieses Wehr dient dem Aufstau der Aare, um den grössten Teil des Wassers in den linksseitigen Kanal zu leiten. Dadurch beträgt beim Kraftwerk die Überfallhöhe – also die Höhe, welche das Wasser bis zum Turbinendurchfluss herunterfallen kann – fast 15 Meter. (Das ist die grösste Fallhöhe, die bei einem Aargauer Flusskraftwerk für die Stromproduktion genutzt wird.) In den ursprünglichen Aarelauf, der Alte Aare genannt wird, fliesst das Restwasser. Meistens ist das nur ein kleinerer Anteil des Abflusses. Erst wenn die Aare mehr Wasser führt, als zur Stromproduktion gebraucht wird, rauscht dieses durch das Bett der Alten Aare.

3 Insle

Durch den Bau des Kraftwerkkanals ist eine Insel entstanden. Hier wachsen die recht seltenen Schwarz-Pappeln – so viele wie sonst nirgends im Kanton Aargau. Durch Lücken im Uferschutz und mithilfe von Terrainabsenkungen sollen hier Rückzugsgewässer für Fische und Grundwasseraufstösse für Libellen entstehen, und es soll sich wieder ein Weichholzauenwald bilden können. Es bleibt also spannend hier.

4 Bad Schinznach

Hier wird seit dem 17. Jahrhundert Thermalwasser für das Heilbad genutzt. Aus dem 45 °C warmen Wasser, das aus 370 Metern Tiefe hochdrückt, wird aber auch Wärmeenergie gewonnen.

5 Auengewässer unter der A3

Die Nationalstrasse A3 wurde dank Einsprachen von Naturschutzverbänden auf einen Viadukt gebaut und nicht wie ursprünglich geplant auf einen Damm. Dadurch entstand seit dem Bau 1993 unter der Strasse eine kleine Naturoase. Ein neues Fliessgewässer, welches die Aare mit dem Badkanal verbindet, bietet Bitterling und Bachneunauge ein geeignetes Refugium. Und Vögel wie die Bergstelze, die Wasseramsel und der Eisvogel können hier regelmässig beobachtet werden.

6 Föhrenwald

Hier steht der einzige Wintergrün-Föhrenwald im Kanton Aargau. Die Bäume auf dem sandig-kiesigen Boden sind bis zu 100 Jahre alt. In den letzten Jahren wurde der Wald von Sträuchern und anderen Bäumen befreit – so können beispielsweise wieder seltene Orchideen oder die Akeleiblättrige Wiesenraute gedeihen. Damit dies so bleibt, wird die Fläche regelmässig mit Rindern und Ziegen beweidet.

7 Inseln

Diese Kiesinseln zwischen Schinznach-Bad und Brugg zeigen schön die Sukzessionsabfolgen in einer Aue, also die allmähliche Besiedelung durch Pflanzen. In einer natürlichen Aue ohne regulierten Abfluss schaffen die Hochwasser immer wieder neue Kiesflächen. Auf solche sind Kiesbrüter wie der Flussuferläufer und der Flussregenpfeifer angewiesen. Mit der Zeit wächst auf dem Kies das Rohrglanzgras, später folgen Sträucher, Weiden und Pappeln. Folgt ein Hochwasser, können solche Inseln wieder abgetragen werden, und der Zyklus beginnt an einem anderen Ort von neuem. Zerstörung bringt neues Leben – und es braucht etwas Mut, diese Prozesse mit Gelassenheit geschehen zu lassen.

Hier ist der Geschiebetrieb durch die vielen Staustufen im Oberlauf praktisch unterbunden, und neues Flusskies kann durch Hochwasser kaum mehr wegtransportiert werden. Deshalb zielen die neuen Renaturierungspläne darauf ab, dass hier durch Seitenerosion neues Geschiebe in den Fluss getragen wird.

9

8 Künstlich ausgehobener Wildibach

2003/2004 wurde der Badkanal, der durch das Gelände des Bades Schinznach fliesst, verlängert und als «Wildibach» neu ausgehoben. Bei Aare-Hochwasser steigt der Pegel zwar auch im Wildibach, aber es bleibt ein recht ruhiges Gewässer. Das lieben Fische – als Laichplatz und auch als Rückzugsgebiet bei richtigen Hochwassern. Eine Studie hat gezeigt, dass schon wenige Monate nach der Ausbaggerung wieder 24 verschiedene Fischarten im Wildibach vorkamen, und neun davon laichten sogar. Die Renaturierung war also ein voller Erfolg.

9 Biberinsel

Auch in dieser Region hat sich der Biber wieder angesiedelt, und die Spuren des kräftigen Nagetieres sind vor allem im Winterhalbjahr an den Bäumen gut zu sehen. Im Wasser tummelt sich gerne der Alet (auch Döbel genannt), ein bis 60 cm langer Fisch mit grossen, glänzenden Schuppen.

10 Zusammenfluss

Bei der Vereinigung des Unterwasserkanals (unterhalb des Kraftwerks) mit der Alten Aare fliesst das Wasser über Felsplatten, die bei Niederwasser gut sichtbar sind. Das ist der Beginn der Schlucht bei Brugg, eine Landschaft von nationaler Bedeutung. An der schmalsten Stelle, beim heutigen Schwarzen Turm, hatten bereits die Römer eine Brücke erbaut. Durch dieses Engnis, welches nur 12 m breit ist, muss sich der ganze Abfluss der Aare zwängen. Bei Hochwasser bewirkt das einen Rückstau, der grosse Teile der Schacheninsle überfluten kann.

«Hier kannst du einfach sein»

Marco Pfund, angetroffen an der Aare bei Brugg

Warum sind Sie heute hier unterwegs? — Ich bin einfach der Naturmensch, und es tut mir psychisch sehr gut. Seit zwei Monaten mache ich jetzt Vogelfotografie und das ist eine willkommene Abwechslung und eine sinnvolle Beschäftigung in der Freizeit.

Was macht es aus, dass die Natur Ihnen guttut? — In der Natur kann ich so sein, wie ich bin. In der Gesellschaft und unter Menschen muss man sich ja immer etwas verstellen und verbergen. Hier kannst du einfach sein. Das tut mir gut und darum komme ich gerne hierher. Man sieht auch jeden Tag etwas Neues und dann bin ich dankbar dafür. Ich habe mal einen Ureinwohner Nordamerikas kennengelernt und der erzählte mir: «Wenn Du ein Tier siehst, dann will es gesehen werden.» Das ist für mich auch der Anreiz. Darum bin ich auch dankbar, wenn ich ein Tier sehe.

Wie sind Sie unterwegs, wenn Sie hierherkommen? — Ich nehme es gemütlich. Früher war ich noch schneller unterwegs, aber jetzt, mit dem Fotoapparat, nehme ich es gemütlicher und das bringt mehr Ruhe ins Leben und es macht es einfacher, die Natur zu geniessen. Ich komme jeweils mit dem Velo und stelle es beim Hallenbad ab, dann laufe ich Richtung Schinznach und dann wieder retour. Ich mache oft diese Strecke hier. Im Wald bei Windisch war ich auch schon unterwegs, aber dort ist es mit dem dichten Laub schwieriger, Vögel zu sehen. Hier hat man viel mehr Möglichkeiten. Demnächst möchte ich aber mal weiter flussaufwärts gehen, in die Region Aarau.

Was machen Sie mit all den Bildern zuhause? — Ich archiviere sie und versuche, herauszufinden, welche Vogelart es ist. Da gehe ich oft auf die Webseite der Vogelwarte Sempach. So kann ich immer etwas dazulernen.

Hatten Sie schon besonders eindrückliche Erlebnisse hier? — Das Beeindruckendste für mich war, als ein Mäusebussard von der anderen Seite des Flusses auf mich zugeflogen kam und erst einen Meter vor mir umgekehrt und dann wieder zurückgeflogen ist. Er hat mich aber nicht als Gefahr gesehen und mich nicht angegriffen. Das fand ich sehr speziell. Und in Baden im Tüfels-Chäller habe ich mal einen Dachs gesehen, das war bisher das erste und letzte Mal; das war schön und ist ja nicht selbstverständlich.

Wovon wünschen Sie sich mehr für die Natur im Kanton Aargau? — Ich hoffe, dass die Natur nicht zu sehr verschandelt wird, etwa mit Windrädern, darüber mache ich mir Sorgen. Oder der Abfall – grad weiter oben habe ich Abfall im Wasser gesehen, das ist schon etwas ärgerlich. Da könnten gewisse Menschen noch ein besseres Bewusstsein entwickeln.

Fische – die schillernde Vielfalt

Während viele Landtiere leicht den Blick auf sich ziehen – mit ihren Farben, mit dem auffälligen Flug über den Himmel oder mit ihrem Zwitschern oder Quaken –, haben es die Fische viel schwerer. Flitzt nicht gerade ein Schwarm dunkler Jungfische durch das seichte Wasser, muss man sich meistens etwas Zeit nehmen, um von einer Brücke oder vom Ufer aus einen Fisch zu erkennen, zumal er mit seinen Bewegungen im Gleichtakt mit der schimmernden Oberfläche nicht leicht auszumachen ist.

Im Kanton Aargau lebt die erstaunliche Zahl von 32 Fischarten, von 5 cm kleinen Bitterlingen bis zu weit über einen Meter langen Welsen. Einige leben gern in sauerstoffreichen und schnell fliessenden Gewässern, andere verstecken sich in der dunklen Tiefe von kleineren oder grösseren Seen, einige lieben kaltes Wasser, andere ertragen auch höhere Temperaturen. Mit dem Verlust an Lebensräumen und mit Wanderhindernissen wie Schwellen und Kraftwerken haben die Bestände vieler Fischarten stark gelitten. Schweizweit sind von den 71 bekannten einheimischen Arten 43 Arten auf der Roten Liste der gefährdeten Arten (zu 5 Arten gibt es zu wenige Daten). Fast ein Dutzend Arten sind in der Schweiz ausgestorben, zu ihnen gehören etwa der Atlantische Lachs, der Maifisch und der Stör.

Fische sind «Wandervögel»

Der Auenschutzpark Aargau hat in den vergangenen 30 Jahren viel unternommen, um den Fischen zu helfen. Viele Gewässer wurden renaturiert, die Ufer natürlicher gestaltet, und an manchen Orten wurden neue Seitenarme und Altwasser geschaffen. Zusätzlich wurde an den meisten Kraftwerkswehren durch die Betreiber die Durchgängigkeit für Fische und auch für das Geschiebe verbessert. Seit 2006 beteiligt sich der Kanton Aargau auch an einem Programm, um den Lachs zurück in die Aargauer Flüsse zu bringen. Wichtig ist auch hier, Wanderhindernisse zu entfernen und geeignete Laichgewässer aufzuwerten. Seit 2006 werden Junglachse im Rhein und einigen Seitenbächen wie dem Magdener-, Etzger- und Möhlinbach ausgesetzt. Im Jahr 2012 wurde zum ersten Mal seit den 1950er-Jahren ein mit 89 cm Länge richtig grosser Lachs entdeckt – wahrscheinlich ein Abkömmling der früher ausgesetzten Junglachse. Freuen wir uns auf den Tag, an dem der Lachs, dieses Symbol lebendiger und gesunder Flüsse, wieder regelmässig aus der Nordsee den Weg in den Kanton Aargau findet.

Oben: Äschen brauchen eher kühles Wasser.

Unten: Grössere Flussbarsche (Eglis) ernähren sich vorwiegend von kleineren Fischen – Platz im Maul haben sie jedenfalls …

Äsche – die Fahnenträgerin

Merkmale: 30 bis 50 cm lang, mit forellenähnlicher Form, mit grosser, fahnenartiger Rückenflosse (grösser beim Männchen) und dahinter einer Fettflosse. Silbrig beschuppt, Rücken blaugrau, weissgesäumte, schwarze Flecken vor allem in der vorderen Hälfte.

Interessant: Die Äsche bevorzugt schnell und gleichmässig fliessende Gewässer; hier sucht sie in den Pflanzen am Grund nach Nahrung, die aus Kleintieren, aber auch angeschwemmten Insekten besteht. Die Äsche braucht unterschiedliche Lebensräume: lockerer, überströmter Kies für die Fortpflanzung, flache, eher ruhige Uferzonen, in denen sich die Jungfische aufhalten können, und schliesslich tiefere Bereiche für die erwachsenen Äschen.

Damit die Fische zwischen diesen Lebensräumen wechseln können, ist es wichtig, dass Bäche und Flüsse durchgängig und nicht etwa wegen Wehren oder hohen Schwellen unpassierbar sind. Die Äsche ist in der Schweiz stark gefährdet (sie steht auf der Roten Liste) und hat vielenorts unter den Gewässerverbauungen gelitten. Zudem darf sie auch im Kanton Aargau ausserhalb von Schonzeiten noch gefangen werden. Mittlerweile wird der Lebensraum der Äsche im Kanton Aargau mit verschiedenen Massnahmen aufgewertet, zum Beispiel mit einer Strukturierung mit Baumstämmen oder Steinblöcken oder mit der Zugabe von Kies. Dennoch ist zu befürchten, dass die Äsche mit dem Klimawandel aus dem Schweizer Mittelland verschwinden wird.

Die Forelle – die Kosmopolitin

Merkmale: 25 bis 50 cm langer, spindelförmiger Fisch, meist mit unregelmässig verteilten, grossen, roten oder schwarzen Punkten. Auf dem Rücken vor der Schwanzflosse eine kleine Fettflosse ohne Flossenstrahlen.

Interessant: Die Bachforelle und die Flussforelle sind Unterarten der Forelle. Weitere Unterarten oder Formen der Forelle besiedeln verschiedene Meere oder Flusssysteme; durch Aussetzungen ist der «Sportfisch» heute beinahe weltweit verbreitet. Bachforellen bevorzugen in der Schweiz kalte, sauerstoffreiche Bäche, Flüsse und Seen. Die Weibchen schlagen mit der Schwanzflosse eine Laichgrube in den kiesigen Grund. Die hier abgelegten Eier werden vom Männchen besamt. Die heranwachsenden Forellen bleiben in diesem Kiesbett, bis die Vorräte im Dottersack aufgebraucht sind.

Die Bachforelle steht in der Schweiz auf der Roten Liste und ist potenziell gefährdet. Gründe dafür sind Verbauungen der Gewässer, aber zunehmend auch die Klimaerwärmung.

Der Wels

Merkmale: Sehr grosser Fisch, bis 1,5 m (oder mehr), ohne Schuppen, aber mit drei Paar langen Barteln um den Mund. Sehr kurze Rückenflosse, langgezogene Afterflosse bis fast zur Schwanzflosse.

Interessant: Wenn es der Wels in die News schafft, dann ist das meistens aufgrund seiner fast unglaublichen Grösse. Beinahe 2,5 Meter lang war ein im Bodensee 2019 gefangener Wels. Mit so viel Grösse kommt auch viel Fleisch, und besonders in Osteuropa ist der Wels ein beliebter Speisefisch. Der römische Dichter Ausonius nannte ihn gar den «sanften Wal unserer Mosel».

Welse leben in stehenden oder langsam fliessenden Gewässern; Jungwelse im ersten Jahr gehen auch in Bereiche mit schnellerer Strömung. Welse bevorzugen wärmere Gewässer – das Optimum liegt bei 25° bis 27 °C. Dank einem hohen Hämoglobin-Gehalt im Blut können sie auch noch in sauerstoffarmen Gewässern leben. Erwachsene Welse leben tagsüber versteckt unter Baumwurzeln oder überhängenden Ufern; in der Nacht gehen sie auf Beutefang und fressen alles, was ins Maul passt – Fische, Amphibien, Wasservögel und kleine Säugetiere. Der Wels ist in der Schweiz nicht gefährdet. Er profitiert im Gegensatz zu anderen Fischen von der Klimaerwärmung.

Der Bitterling

Merkmale: Mit 5 bis 6 cm ein kleiner Fisch. Hoher Rücken und grosse Schuppen. Ziemlich lange Rücken- und Afterflossen. Seitlich vor dem Schwanz eine blaugrüne Längsbinde.

Interessant: Fast unglaublich ist die enge Symbiose zwischen dem Bitterling und grösseren Fluss- oder Teichmuscheln, die auf dem sandigen Boden leben. Die Weibchen injizieren mit einer bis zu 5 cm langen Legeröhre ein bis vier Eier in die Mantelhöhle von Muscheln, dann gibt das Männchen sein Sperma ab, das durch die Atembewegungen in die Muschel gesogen wird. In der Muschel sind die befruchteten Eier nicht nur vor Abdrift geschützt, sondern auch vor Räubern. Zudem werden sie, da sie an den Kiemen haften, optimal mit Sauerstoff versorgt. Nach etwa vier bis fünf Wochen verlassen die Jungfische die Muschel.

Umgekehrt profitieren aber auch die Muscheln von den Bitterlingen (und anderen Fischen). Die Larven der Muscheln, Glochidien genannt, werden von der Muschel ins Wasser abgegeben, heften sich an Fische, entwickeln sich dort und fallen nach wenigen Wochen wieder ab. Auf diese Weise kann die Muschel mit dem Fisch-Taxi bestens neue Lebensräume besiedeln. Der Bitterling ist – aufgrund der Abnahme der Muschelbestände – in der Schweiz stark gefährdet.

Folgende Doppelseite: Die Bachforelle hat fast immer eine Reihe roter Flecken auf der Seite.

«Du darfst alles machen. Solange du das machst, was ich will.»

Interview mit Paul Lehmann, Wasserbauingenieur, Walzbachtal (D)

Herr Lehmann, bauen in einem Fluss stelle ich mir nicht so einfach vor. Haben Sie schon mal einen Bagger im Fluss versenkt? — Ich selber nicht, ich bin ja kein Baggerführer, aber an der Wutach haben wir bei einer Renaturierung schon mal einen Bagger «versenkt». Der Bagger ist durch den Fluss gefahren und war zu tief im Wasser, sodass der Motor Wasser gezogen hat. Der Bagger musste dann mit dem Autokran rausgeholt werden.

Was sind die grössten Herausforderungen, wenn man im Wasser arbeitet? — Für mich als Wasserbauingenieur besteht die grösste Herausforderung darin, dass der Fluss ein Kontinuum ist, das ständig fliesst und sich bewegt und sich auch verändert. Man muss einerseits etwas möglichst Dauerhaftes und Massives planen und bauen, das andererseits aber doch dynamisch sein soll und sich in das Kontinuum einpassen muss. Das ist eine ständige Gratwanderung zwischen dem, was wir uns wünschen und dem, was die Natur dann daraus macht. Die Arbeit mit und im Fluss bei einer gleichzeitigen eigendynamischen Entwicklung kann einen Widerspruch darstellen, so wie manchmal bei den eigenen Kindern: «Sie dürfen alles machen, solange sie das machen, was ich will.» Das funktioniert bei den Kindern nicht (immer) und auch bei der Natur nicht immer. In diesem Umfeld und Spannungsfeld eines eigendynamischen Fliessgewässers muss man intelligent planen, aber immer flexibel bleiben und der Natur mit Respekt begegnen.

Ist da auch schon mal etwas anders rausgekommen als geplant? — Klar passiert das. Ich habe mal am Hochrhein nach dem Bau eines Wehres eine lange Kiesbank am Ufer wieder errichtet. Beim ersten Hochwasser wurde diese weggespült. Also haben wir diese wieder aufgebaut und etwas gesichert mit Steinen. Nach relativ kurzer Zeit war die Kiesbank nach einem neuen Hochwasser auch wieder weg. Aus zwei solchen «Fehlern» soll und muss man lernen, dass die Natur es anders macht als die Berechnungen ergeben haben. Dann muss man flexibel und intelligent reagieren und umplanen: Nicht gegen die, sondern mit der Natur bauen ist mein Leitspruch!

Was macht man auf einer angefangenen Baustelle, wenn plötzlich ein Hochwasser auftritt? — Natürlich hofft man, dass dies in der Bauphase nicht passiert. Es ist dabei immer ein Abwägen bei der Planung. So kann zum Schutz der Baustelle eine Spundwand eingebaut werden, die hochwassersicher, aber sehr teuer ist. Oder man macht eine Sicherung mit einem Kiesdamm, der günstiger ist, aber bei einem Hochwasser weggespült werden kann. Wobei das Kies, das weggespült wird, den Fischen bei der Aufwertung ihres Lebensraumes «hilft». Das ist ein Abwägen, und das machen wir natürlich mit dem Auftraggeber zusammen. Dabei muss wieder das Gesamtsystem des Gewässers betrachtet werden – Stichwort Kontinuum.

Auen sind Lebensräume, welche eigentlich keine Eingriffe brauchen, der Fluss richtet ja alles von selbst. Was ist denn Ihre Aufgabe als Wasserbauingenieur? — Die Auen wurden über viele Jahre immer mehr für die Landwirtschaft, für Siedlungen und Industrieansiedlung umgebaut und vom Gewässer abgetrennt. Gleichzeitig wurden die Flüsse begradigt und kanalisiert. Wie z. B. die Juragewässer-Korrektionen oder die an Reuss und Limmat. Heute haben viele Flüsse keinen Platz mehr in der Breite, und darum nagen sie sich in die Tiefe, in den Untergrund, und unterspülen beispielsweise seitliche Dämme. Neben den Gefahren für die angrenzende Bebauungen fehlen auch ganz wichtige Lebensräume für die Natur und die Fischfauna. Heute versuchen wir, etwas umfassender zu denken und zu planen und die Fehler von früher zu korrigieren, indem wir dem Fluss wieder Raum geben.

In den Aargauer Flüssen gibt es noch einige Hindernisse, welche für Fische nicht oder schlecht passierbar sind. Welchen Beitrag kann hier ein Ingenieur leisten? — Es ist seit 30 Jahren eine Aufgabe von mir, die Durchgängigkeit für Fische in Bächen und Flüssen zu verbessern. Es müssen möglichst alle Wanderhindernisse so umgebaut oder entfernt werden, dass diese für alle Fischarten- und Frischgrössen passierbar sind. Daher sind die Hindernisse möglichst naturnah umzugestalten, sodass alle Fische, ob gross oder klein, hoch schwimmen können. Dabei ist wichtig, dass der Ingenieur umfassende Kenntnisse von der Lebensweise der Fischarten hat – beispielsweise müssen Fische, die der Flusssohle entlang schwimmen, den Eingang in das Umgehungsgewässer beziehungsweise in die Fischaufstiegsanlage finden.

Welches war Ihr bisher schwierigstes Projekt im Auenschutzpark? — Im Wasserbau versucht man meistens den Schutz vor Hochwasser durch Verhinderung von Erosionen sicherzustellen. Auen leben aber gerade von dieser natürlichen Flussdynamik. Ein Ziel des Auenschutzparks ist die Wiederherstellung dieser Flussdynamik. Es ist eine grosse Herausforderung, Dynamik und Schutz der Infrastrukturen in unmittelbarer Nachbarschaft nebeneinander ablaufen zu lassen. Ein gut gelungenes Beispiel ist die dynamische Flussaue Rupperswil. Die Dimensionen waren mit fast zwei Kilometern Länge schon sehr gross. Das Arbeiten im Wasser war eine Herausforderung und auch das Abführen des vielen Aushubs.

Hier haben wir gesehen: Auch wenn man noch so viel denkt und plant und am Computer simuliert, man muss einfach mal etwas wagen. Aber am wichtigsten ist bei all diesen Projekten: Man muss ganzheitlich denken. Man muss mit der Natur arbeiten, mit den Menschen und für die Menschen, sonst geht da gar nichts.

WASSERSCHLOSS BEI BRUGG

Das Herz der Aargauer Flüsse

Unter den Flusslandschaften im Aargau ist das Wasserschloss zwischen Baden und Brugg eine Klasse für sich. So wie in einem Herzen grosse Blutgefässe zusammenfliessen, vereinigen sich hier Aare, Reuss und Limmat – und schaffen die Basis für eine ganz grosse Auenlandschaft.

Kennen Sie die Vexierbilder, bei denen man in derselben Zeichnung zwei verschiedene Dinge sehen kann? Ein Gesicht oder einen Krug? Einen Hasen oder eine Ente? Ganz ähnlich ist es bei diesem Auengebiet im Wasserschloss der Schweiz. Bei einem ersten Blick auf die Karte dominiert ein ausgedehnter Siedlungsbrei – mit Brugg, Windisch, Gebenstorf, Turgi und Siggenthal. Auch sonst haben zahlreiche Eingriffe wie Industrieanlagen, ein Waffenplatz und zahlreichen Strassen- und Bahnlinien die weiten Flussebenen überzogen. Und was nicht bebaut wurde, ist intensives Agrarland oder Wald. Wie soll da noch eine Auenlandschaft Platz haben?

Ein zweiter Blick auf die Karte zeigt überraschend ein anderes Gesicht: Das heute geschützte Auengebiet erstreckt sich von der Altstadt von Brugg der Aare entlang über die Mündungen von Reuss und Limmat bis fast zur Bahnstation Siggenthal-Würenlingen. Das ist eine Strecke von mehr als viereinhalb Kilometern, und an zwei Orten, den Herzkammern sozusagen, verbreitert sich das Gebiet auf einen ganzen Kilometer. Alles in allem umfasst das geschützte Gebiet heute mehr als 1,6 Quadratkilometer.

Und noch einen Trumpf hat diese Auenlandschaft: Die Aare hat hier ihre letzte freie Fliessstrecke im Mittelland. Mit wechselndem Wasserstand heisst das auch: Es gibt Stromschnellen (wenn auch nur kleine), Kolke, also Aushöhlungen auf dem Flussgrund oder am Ufer, Stillwasser und Wirbelzonen – all das trägt dazu bei, unterschiedliche Lebensräume zu schaffen. Und noch heute kann es passieren, so wie letztmals im Herbst 2023, dass Hochwasser das Gebiet tage- oder wochenlang unter Wasser setzt. Hier hat der Mensch die Kraft des Flusses noch nicht vollständig gezähmt.

Vorangehende Doppelseite: Kormorane geniessen ein kurzes Sonnenbad an der Aare bei Gebenstorf.

Links: Gänsesäger-Paar, links das Weibchen.

Rechte Seite, oben: Die Mündung der Limmat (links) in die Aare.

Rechte Seite, unten: Neues Seitengerinne der Limmat.

Folgende Doppelseite: Lebendige Flusslandschaft der Aare bei Gebenstorf.

Das Konzert der Frösche

Damit ist es nicht überraschend, dass auch dieses Auengebiet für viele Arten ein wertvolles Refugium ist. Besonders für Amphibien ist es ein wichtiger Lebensraum, etwa für Laubfrösche, Kammmolche oder die Gelbbauchunke. Unvergesslich ist das Erlebnis, einem lautstarken Konzert dieser Auenbewohner beiwohnen zu können – das «quaaak» von Wasserfröschen, das laute «räp räp räp» der Laubfrösche, die verschieden hohen, hellen «tu» oder «tü» der Geburtshelferkröte, die zusammen wie ein Glockenspiel klingen, und schliesslich das dumpfe, regelmässige «uh uh uh» der Gelbbauchunken.

Der Laubfrosch – der Kleine mit der grossen Klappe

Was für ein Kerlchen! An einem Ast eines hohen Strauchs hat sich der intensiv grün gefärbte Laubfrosch mit seinen grossen Fingern und Zehen festgekrallt. Er ist hungrig und auf der Jagd. Seine Beute, Fliegen und Käfer, besucht gerne die Blüten von Hochstauden oder Sträuchern. Während alle seine Amphibien-Kollegen auf dem Boden ihre Nahrung suchen, hat der Laubfrosch das Klettern erfunden und so einen grossen Vorteil.

Zwischen April und Juli sind die Laubfrösche laichbereit. Die Männchen steigen dann an warmen Abenden an ein Gewässer hinab und beginnen mit dem Balzgesang. Und auch hier sind sie top. Denn ihr «räp räp räp» ist die lauteste Stimme unter den Lurchen. Sind die Weibchen laichbereit, kommen sie auch ans Gewässer, paaren sich, und verschwinden schon bald wieder im Dickicht an Land.

Laubfrösche kommen heute im Kanton Aargau vor allem im Reusstal und im Wasserschloss vor. Die Population im Wasserschloss ist dabei das einzig verbliebene Gebiet an der Aare zwischen dem Bielersee und der Mündung in den Rhein. Im Auenschutzpark wurde an vielen Orten der Lebensraum für die Laubfrösche aufgewertet. Die Massnahmen zahlen sich aus – in den letzten 30 Jahren ist die Zahl der Laubfrösche von etwa 500 auf etwa 5000 Individuen angewachsen. Natürlich wäre es schön, die Populationen im Kanton zu verbinden, aber trotzdem ist dies eine Erfolgsgeschichte.

Linke Seite: Silberweide an der Limmat. Die Bäume ertragen auch monatelange Überflutung.

Auch für andere Tiergruppen ist das Wasserschloss eine Insel im dicht besiedelten Mittelland. Die Nachtigall, der Kleinspecht und auch der Eisvogel finden hier Schutz, Ruhe und Nahrung. 46 Libellenarten konnten hier 2019 registriert werden, unter ihnen sieben Arten, die (leider) auf der Roten Liste der gefährdeten Arten stehen. Zum ersten Mal im Kanton Aargau sind die Biolog:innen in dieser Studie auf die Gabel-Azurjungfer gestossen. Die Libelle ist mit ihrer azurblau-schwarzen Färbung überaus hübsch und hat ihre Hauptflugzeit im Juni und Juli. Andere Forscher konzentrierten sich auf Laufkäfer, eine Familie innerhalb der Käfer, von denen die meisten Arten recht schlank sind und kräftige, lange Laufbeine haben. Diese Forschergruppe hat 72 verschiedene Laufkäferarten gefunden, beispielsweise den Vierfleck-Ahlenläufer. Dieser hübsche Käfer hat einen metallisch schwarzen Kopf und meist vier gelbliche Flecken auf den Flügeldecken. Zehn der gefundenen Laufkäfer sind so selten (und gefährdet), dass sie auf der Roten Liste für die Nordostschweiz stehen und hier im Wasserschloss ein Refugium haben.

Pirol – bunt und doch schwer zu sehen

Mit seinem auffälligen schwarz-gelben Kleid gehört der Pirol zu den *fashion stars* unter den Auenvögeln. Jedenfalls das Männchen – denn das Weibchen mag es etwas schlichter und trägt nur auf dem Rücken etwas Gelblichgrün. Trotzdem sind die beiden nur selten zu sehen, denn sie brüten hoch oben in den Baumkronen. Ist man in einem Auenwald dem Pirol auf der Schliche, verlässt man sich besser auf die Ohren und wartet auf ein wohlklingendes «ogloüho» oder «didaglüo». Doch aufgepasst: Sein Kollege, der Star, stiehlt ihm gerne die Show und ahmt den Pirol-Gesang sehr treffend nach. Den Winter verbringen die Pirole im südlichen Afrika.

Rechte Seite, oben: Traubenkirschen säumen den Wanderweg an einem Seitenarm im Auschachen.

Rechte Seite, unten: Besucherin an einer Apfelblüte.

Folgende Doppelseite: Im Auschachen an der Aare.

Mehr Stille braucht das Land

Trotz allen Zonen und Plänen: Das Auengebiet im Wasserschloss steht unter Druck. Siedlungen umgeben das Gebiet, der Gemüseanbau ist intensiv, und vor allem besuchen immer mehr Menschen die Auenlandschaft. Während stille Spaziergänger auf bestehenden Wanderwegen kein Problem für die Tiere sind, so bringt der Freizeitbetrieb andernorts viel Unruhe und Angst in ihre «Wohnstuben». Die Planer:innen versuchen, die Störungen durch ein Lenkungskonzept in Grenzen zu halten, richten Ruhezonen für speziell sensible Arten ein und suchen auch nach Lösungen, mehr Puffergebiete am Rand des Auenschutzparks zu finden.

Flussuferläufer an der Aare bei Gebenstorf. In der Schweiz gibt es nur etwa 100 Brutpaare.

Wandertipp Wasserschloss

Möchten Sie in zwei Stunden an allen Highlights dieses Auengebiets vorbeikommen? Dann sind Sie auf dieser Rundwanderung ab dem Bahnhof Brugg genau richtig. Allerdings: Mit den vielen renaturierten Gebieten wird es glücklicherweise einiges länger dauern. Das Motto: Neugier, Feldstecher und genug Zeit mitnehmen.

START: Bahnhof Brugg

ROUTE: Via Altstadt Brugg und die Geisseschache-Insel nach Vogelsang (AG), durch den Limmatspitz, und schliesslich zurück über den Rüssschache zur Bushaltestelle Windisch, Kurve am Ortsrand von Windisch.

KENNDATEN: Länge 8,1 km, eben, ca. 2 Std.

VARIANTE: Bis zum Bahnhof Brugg zusätzlich eine halbe Stunde

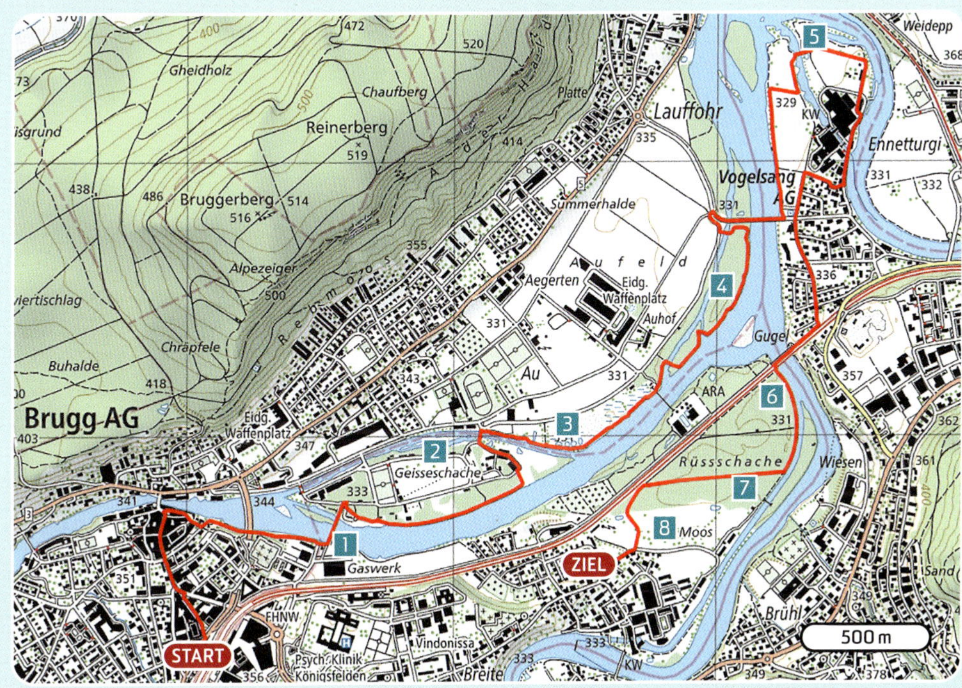

1 Natur zum Spielen

Bei der Mülimatt wurde das Aareufer renaturiert und das Kulturland aufgewertet – jetzt stehen hier Obstbäume, die Weide wird nur noch extensiv genutzt, und ein Bächlein fliesst durch das Land. Kinder können auf einem neuen Spielplatz nach Lust und Laune mit den typischen Materialien von Auen spielen: Wasser, Kies, Sand und Holz.

2 Seitenarm Strängli

Der 1994 ausgehobene, 300 Meter lange Seitenarm im Strängli war die erste Baumassnahme des Auenschutzparks. Wie für Auen typisch, wird das Gebiet immer wieder einmal überflutet, und es bilden sich Kies- und Sandbänke. Im Wasser tummeln sich Bachneunaugen und Nasen, und hier treffen Sie auch regelmässig auf den Eisvogel, die Wasseramsel und den Flussuferläufer.

3 Laubfrosch-Biotope

Was für ein Paar! Wo nördlich der Strasse Genietruppen der Armee ihre Baukünste üben, laichen südlich der Strasse Laubfrösche und andere Amphibien an mehreren für sie angelegten Tümpeln. Damit diese Tümpellandschaft erhalten bleibt, muss sie regelmässig entbuscht werden. Das wird nicht mit Motorsägen, sondern mit Zähnen gemacht – und zwar mit denen von Wasser-

3

4

büffeln, die man im Herbst hier weiden und schlammbaden lässt. Verpasst man die Laubfrösche, sollte man zumindest diesem urigen Spektakel einen Besuch abstatten.

4 Seitenarm Auschachen

Hier ist ein verlandeter Seitenarm auf fast einem Kilometer Länge ausgebaggert worden, und für den Laubfrosch und den Kammmolch hat man im angrenzenden Gebiet neue Laichgewässer angelegt. An der Aare wurden zudem Uferverbauungen entfernt und Buchten im Ufer ausgekerbt. Jetzt kann das Wasser diesen Raum wieder selbst gestalten. Und indem der Damm der Kantonsstrasse durch eine Brücke ersetzt wurde, ist für viele Tiere ein Wanderhindernis verschwunden. Könnten all die Amphibien, Insekten und Vögel «Likes» abgeben – die Zahlen würden explodieren!

5 Limmatspitz

So geht Kooperation! Beim Zusammenfluss von Aare und Limmat haben Pro Natura und der Kanton zusammen eine neue kleine Auenperle geschaffen. Man hat Uferverbauungen entfernt, einen 250 Meter langen Seitenarm ausgehoben und landwirtschaftliche Flächen extensiviert (diese werden wiederum von Schottischen Hochlandrindern vor Verbuschung geschützt). Jetzt gibt es hier wieder viele verschiedenen Auenlebensräume. Und mit einer Portion Glück sehen Sie gar einen Biber, der elegant durch die Wasser gleitet.

6 Altholzinsel

Tote leben länger! Wenn ein Baum abstirbt, ist er noch lange nicht tot. Dann beginnt er erst richtig zu leben, denn Myriaden von Pilzen, Käfern, Würmern und anderen kleinen Kreaturen besiedeln das Holz und bauen es langsam ab. Südlich des Bahndamms gibt es hier eine Altholzinsel von etwa 12 Hektaren Grösse. Solche alten Wälder sind ein Paradies für viele Vögel wie etwa den Mittelspecht. Zusätzlich wurde ein fast gleich grosses Sonderwaldreservat ausgeschieden. Und in der Mündung der Reuss wurde die immer kleiner werdende Kiesinsel derart umgestaltet, dass sie langfristig Bestand hat.

7 Fröschegräben

Im Windischer Schachenwald gibt es ein Netz von Gräben, die für Gelbbauchunken und Kammmolche wertvoll sind. Da sie immer wieder verlanden, werden sie periodisch ausgebaggert, und durch die Auslichtung des Waldes gelangt jetzt auch mehr Licht auf den Boden.

8 Naturnahe Landwirtschaft Mattenschachen

Die Fläche im Mattenschachen wurde bis 1999 landwirtschaftlich intensiv genutzt. Die Ackerflächen wurden dann stillgelegt – jetzt gibt es hier artenreiche Mähwiesen, Rinderweiden, neue Obstgärten, Brachestreifen, Hecken und Kopfweidenreihen. So geht naturnahe Landwirtschaft, und der Anblick vom Wanderweg aus erfreut Auge und Herz.

5

6

Amphibien und Reptilien – die Eroberer des Landes

Kaum eine Tiergruppe verbinden wir so eng mit Feuchtgebieten wie die Amphibien. Sehen wir vor unserem geistigen Auge eine sumpfige Landschaft mit Tümpeln, so hören wir beinahe das Quaken, wir erwarten jeden Moment das «Platsch» eines Froschs, der sich mit einem grossen Satz ins Wasser rettet, und wir werfen vielleicht einen genauen Blick unter die Oberfläche, um Laichballen ausfindig zu machen.

Amphibienland Aargau

Der Auenschutzpark verfügt über vielfältige und vergleichsweise grosse Feuchtgebiete, und das macht ihn für die Amphibien im Kanton Aargau besonders bedeutsam. Zudem ist seit 1999 die Anzahl intakter Amphibienobjekte im Aargau kontinuierlich gestiegen. Diese Zunahme widerspiegelt sich auch in der Anzahl Individuen – allerdings nicht bei allen Arten. Während die Zahl der Laubfrösche zwischen 1999 und 2018 um etwa 250 % zugenommen hat, sind es bei der Gelbbauchunke etwa 50 % und beim Wasserfrosch 40 %. Die Zahlen beim Kammmolch und beim Teichmolch waren in dieser Zeitspanne etwa gleichbleibend. Bei der seltenen Kreuzkröte wurde leider ein Rückgang registriert.

Leben in zwei Welten

Amphibien, also Frösche, Kröten, Salamander und Molche, haben sich in der Evolution an das Leben in zwei Welten angepasst: im Wasser und an Land. Vor 360 Millionen Jahren haben sich die Fische über den berühmten Quastenflosser weiterentwickelt und sind quasi aus dem Wasser an Land gezogen. Damit sie sowohl im Wasser als auch an Land überleben können, haben die Amphibien eine Reihe erstaunlicher «Erfindungen» getätigt:

- Sie haben vier starke Beine entwickelt, mit denen sie nicht nur gehen, sondern teilweise sogar weite Sprünge machen können.
- Während die Kaulquappen noch (wie ihre Fisch-Vorfahren) mit Kiemen atmen, haben die erwachsenen Amphibien Lungen, mit denen sie auch an Land atmen können.
- Amphibien können auch über die Haut atmen. Das ist wichtig, wenn sie im Wasser überwintern.
- Sie haben Stimmbänder erfunden, mit denen sie sich nun von den «stummen» Fischen unterscheiden und lautstark kommunizieren können. Meistens möchten sie damit Konkurrenten abhalten oder Weibchen anlocken.

Die Amphibien haben sich später weiter zu den Reptilien entwickelt, zu denen bei uns die Eidechsen, die Schildkröten und die Schlangen gehören. Mit ihrer harten, trockenen und mit Schuppen bedeckten Haut, über die kaum Wasser verloren geht, können sie noch viel länger an Land leben. Auch die Eier vieler Reptilien sind mit einer vergleichsweise harten Schale an das Landleben angepasst. Einige haben auch Merkmale ihrer Amphibien-Vorfahren wieder abgelegt – Schlangen etwa haben gar keine Beine mehr.

Oben: Eine harmlose Ringelnatter schleicht durch alte Schilfhalme.

Unten: Die Kreuzkröte ist in der Schweiz wegen Lebensraumverlusten stark gefährdet.

Erdkröte

MERKMALE: Gedrungener Körper mit breiter, stumpfer Schnauze und im Vergleich zu Fröschen kurzen Hinterbeinen. Rücken meist braun, teilweise mit Fleckenmuster. Pupille waagrecht, Iris kupferrot, hinter dem Auge auffällige Ohrdrüsen als länglicher Wulst. Haut stark warzig.
INTERESSANT: Erdkröten überwintern im Wald und suchen für die Paarung im März oder April für zwei bis drei Wochen einen Weiher oder See auf. Die befruchteten Eier hängen wie Perlen an einer Schnur; diese Laichschnüre werden recht straff in der Vegetation aufgehängt. Nach der Laichzeit kehren die Tiere wieder in die Wälder zurück. Die kleinen, etwa 1 cm langen Erdkrötchen schwärmen dann erst Ende Juni aus den Laichgewässern in die Wälder aus.
GEFÄHRDUNG: Die Erdkröte ist in der Schweiz weit verbreitet und gilt als nicht gefährdet. Ihre Bestände sind aber rückläufig, und viele Tiere werden auf ihren Wanderungen auf Strassen überfahren.
Erdkröten sind ihren Laichgewässern sehr treu und kehren immer wieder an die gleichen Gewässer zurück. Das hat Vor- und Nachteile. Zwar sind viele der von ihnen genutzten Uferzonen geschützt. Wird aber ein Laichplatz doch durch den Menschen zerstört und gibt es kein Ersatzgewässer in unmittelbarer Nähe, kann die ganze Population aussterben.

Wasserfrosch

MERKMALE: Vielfältige Färbung. Meistens grün, manchmal braun, meist mit dunklem oder schwarzem Fleckenmuster. Spitze Schnauze und leicht nach oben gerichtete Augen, Trommelfell hinter den Augen nicht dunkel umgeben. Haut glatt. Schwimmhäute an den Hinterfüssen. Männchen mit paarigen Schallblasen.
INTERESSANT: Die Wasserfrösche heissen auch Grünfrösche und umfassen in der Schweiz die Arten Kleiner Wasserfrosch und Teichfrosch. Daneben gibt es noch vier eingeschleppte Arten. Da sich alle möglichen Kreuzungen bilden können, kann man ein einzelnes Tier nicht aufgrund des Aussehens bestimmen. Experten stützen sich dann auf die unterschiedlichen Rufe.

Die Wasserfrösche gehören zu den auffälligsten Amphibien in der Schweiz und veranstalten im Frühling und Sommer laute Froschkonzerte. Tagsüber sonnen sie sich gerne am Ufer; retten sich aber bei einer Störung schnell mit einem Sprung ins Wasser.

Den Winter verbringen Wasserfrösche an Land, ein Teil auch in Gewässern. Der Höhepunkt der Paarungszeit ist im Mai und Juni. Viele Kaulquappen fallen Fischen, Molchen und anderen Räubern zum Opfer.
GEFÄHRDUNG: Wasserfrösche sind in der Schweiz auf der Roten Liste als «verletzlich» eingestuft. Ein zusätzliches Problem ist, dass sich die ursprünglichen Formen mit den vier eingeschleppten Arten kreuzen.

Barrenringelnatter

MERKMALE: Männchen bis 95 cm, Weibchen bis 140 cm lang. Augen mit runder Pupille, nur eine Schuppenreihe zwischen Auge und Mundspalte. Hinter dem Auge meistens ein charakteristischer gelber Halbmond. Körper hell- über dunkelgrau bis schwarz oder braun, schwarze Flecken («Barren») auf den Flanken. Rückenschuppen mit Längskiel in der Mitte.

INTERESSANT: Nach neusten Forschungen gibt es in der Schweiz zwei Ringelnatter-Arten: die Nördliche Ringelnatter in der Nordostschweiz, und die Barrenringelnatter in den anderen Gebieten und damit auch im Aargau.

Die Ringelnatter ist eine ausgezeichnete Schwimmerin; bei Gefahr flüchtet sie ins Wasser, und hier jagt sie auch ihre Beutetiere – Frösche, Kröten, Molche oder Fische. Sie tötet ihre Opfer nicht vor dem Verzehr, sondern verschlingt sie lebendig und meist von hinten.

Barren-Ringelnattern paaren sich im Mai; die Weibchen legen die Eier im Juli an feuchte und sich gut erwärmende Stellen wie unter Gras- oder Komposthaufen. Ende August schlüpfen die etwa 20 cm langen Jungtiere.

GEFÄHRDUNG: Mit dem Verschwinden von Feuchtgebieten im Mittelland hat auch die Barren-Ringelnatter stark gelitten; viele Lebensräume sind klein und schlecht mit anderen vernetzt. Die Barren-Ringelnatter ist in der Schweiz stark gefährdet. Es ist darum wichtig, vorhandene Feuchtgebiete zu schützen und zu pflegen, neue zu schaffen und auf die Vernetzung zu achten. Beispielsweise kann man den Tieren mit Schilf-, Ast- oder Grashaufen Ablageplätze für ihre Eier bereitstellen.

Andere Amphibien im Auenschutzpark
Laubfrosch Seite 101
Gelbbauchunke Seite 222
Kammmolch Seite 166

Folgende Doppelseite:
Gelbbauchunken. Vor allem nach den 1980er-Jahren haben die Bestände in der Schweiz stark abgenommen.

KLINGNAUER STAUSEE

Ein grosser Ort für kleine Flieger

Haben Sie Lust, ins *Birding* einzusteigen, einem Hobby, das in den letzten Jahren zu einem richtigen Überflieger geworden ist? Dann sind Sie am Klingnauer Stausee goldrichtig. Das Schönste daran: Hier ist das ganze Jahr über etwas los.

Für *Birder,* also Vogelbeobachter, gehört der Klingnauer Stausee zu den absoluten *Top Spots* in der Schweiz. Mehr als 310 Vogelarten sind hier schon erspäht worden, und zu den begehrtesten Arten unter den Birder:innen gehören Fischadler, Grosser Brachvogel und Wespenbussard, aber auch kleinere Vögel wie die Bekassine, der Alpenstrandläufer und die Bartmeise. Der Klingnauer Stausee ist für Zugvögel als Winterquartier und auch als Ort zum Ausruhen und sich Stärken so wichtig, dass er das Prädikat «Wasser- und Zugvogelreservat von internationaler Bedeutung» erhalten hat.

Was macht die auf etwa drei Kilometern gestaute Aare kurz vor ihrer Einmündung in den Rhein für Vögel so interessant? Zum Ersten: Für Vögel, die auf ihrem Weg zu ihren Winterplätzen im Mittelmeerraum oder in Afrika den Weg über die Alpen wählen, ist jedes grössere und ruhige Gewässer ein willkommenes Pausenplätzchen. Der Klingnauer

---

Wann ist was los am Klingnauer Stausee?

Das Tolle für Vogelfans: Es gibt keine falsche Zeit, an den Klingnauer Stausee zu gehen – ein Besuch lohnt sich zu jeder Jahreszeit. Das Spektrum der Vögel ändert aber von Jahreszeit zu Jahreszeit. Hier eine kurze Übersicht:

WINTER: Von etwa Dezember bis Februar lassen sich zahlreiche Wasservögel beobachten, die hier überwintern und später wieder in ihre Brutgebiete im hohen Norden zurückkehren. Dazu gehören etwa die Spiessente, die Löffelente und der Silberreiher.

FRÜHLING: «Ab in die Brutgebiete!», ist jetzt das Motto der Mehrheit der Vögel: Die Wintergäste verreisen wieder nach Norden, während andere aus dem Süden kommen, über die Schweiz hinwegziehen und dabei vielleicht am Klingnauer Stausee rasten – so etwa die Rohrweihe, der Kampfläufer und das Blaukehlchen. Und wieder andere kommen aus dem Süden, um am See zu brüten, beispielsweise der Kuckuck, der Baumfalke, der Trauerschnäpper oder die Rohrammer. Im März, April und Mai ist die Artenvielfalt am See besonders gross.

SOMMER: Im Juni und Juli sind nur die Brutvögel am See und sorgen sich um die Aufzucht der Jungen. Einige Arten sind schwer zu entdecken – der Rohrschwirl und die Zwergdommel brüten im dichten Schilf, der Pirol hoch oben in den Bäumen. Einfacher zu sehen sind die Jungvögel von Wasservögeln wie der Kolben- und der Reiherente, dem Teichhuhn und dem Zwergtaucher.

HERBST: Im Herbstzug kehren viele Vögel wieder in ihre Winterquartiere weiter südlich zurück. Im August ziehen Fischadler und Wespenbussarde über den Klingnauer Stausee nach Süden, später Watvögel wie der Zwergstrandläufer, der Kiebitz oder der Grünschenkel. Im September und Oktober ziehen die meisten Singvögel nach Süden; Rauchschwalben und Stare manchmal in grossen Schwärmen. Kommt der Dezember, kommen auch die Wintergäste aus dem Norden wieder – der Kreis schliesst sich.

GANZJÄHRIG: Einige Vogelarten bleiben das ganze Jahr über am See. Beispiele dafür sind der Haubentaucher, das Teichhuhn, der Rotmilan, die Bartmeise, die Rohrammer, der Kormoran und der Eisvogel.

Vorangehende Doppelseite: Tafelenten.

Rechte Seite, oben: Grosse Brachvögel ziehen über den Klingnauer Stausee.

Rechte Seite, unten: Graureiher. In vielen Bereichen ist der See nicht tief.

Folgende Doppelseite: Im Gippinger Grien.

Stausee erfüllt diese Anforderung, denn im Schutzgebiet darf man weder baden noch mit Booten frei herumfahren. Zum Zweiten ist der Tisch am Klingnauer Stausee reich gedeckt. Denn der See ist fischreich, und dank verschieden tiefer Bereiche und grossen Schilfgürteln gibt es für alle Fressvorlieben etwas – für Haubentaucher, die auch mal 40 Meter für einen fetten Happen tauchen, aber auch für Vögel, die ihre Beute lieber nur im seichten Wasser suchen.

Vogelparadies dank Stauwehr

Wer am Klingnauer Stausee wandern geht, wird schnell das markante Kraftwerksgebäude am Nordende entdecken. 1935 wurde hier die Aare zur Stromerzeugung gestaut, und erst damit entstand der See. Doch schon 50 Jahre vorher wurde die Aare zum Schutz

Die Zwergdommel

Mit etwa 35 cm Körperlänge ist die Zwergdommel unsere kleinste Reiherart. Sie hält sich gerne an den Ufern von Seen, kleinen Gewässern und Altläufen auf, die dicht mit Schilf und Röhricht bestanden sind. Hier baut sie ihr Nest aus Schilfstängeln, in das sie fünf bis sechs Eier legt. Die Küken können bereits eine Woche nach dem Schlüpfen im Schilfgewirr herumturnen.

Die Zwergdommel ist nur im Sommerhalbjahr bei uns. In der Dämmerung und nachts vernimmt man manchmal stundenlang den Balzruf der Männchen, das «wru wru» erinnert etwas an einen Frosch. Die Zwergdommel ist in der Schweiz stark gefährdet – es gab in der Zählperiode 2013 bis 2016 nur 90 bis 120 Paare.

Ein Sperber hat eine Stockente knapp verfehlt, die untergetaucht ist.

Folgende Doppelseite: Auf dem Beobachtungsturm bei Kleindöttingen.

vor Hochwasser in ein beidseitiges Damm-Korsett gelegt. Obwohl damit viel Auenland verloren ging, ist über die Jahrzehnte im Stausee ein Biodiversitäts-Juwel anderer Art entstanden. Die Aare lagerte im Stausee Millionen Kubikmeter Sand und Schluff ab. Es bildeten sich grosse Flachwasserzonen, auf denen sich zuerst ausgedehnte Schilfbestände und später ein Weichholz-Auenwald etablieren konnte, besonders im südlichen Teil. Diese Schilfflächen sind heute begehrte Brutplätze für spezialisierte Vogelarten. Die offenen Wasserflächen sind beliebte Nahrungsgründe, wo vor allem im Frühling und Herbst zahlreiche Enten und Watvögel (Limikolen) Energie für die Weiterreise tanken können. An manchen Wintertagen tummeln sich am Klingnauer Stausee mehr als 2000 Vögel.

Der Auenschutzpark umfasst aber mehr als den Klingnauer Stausee, und an verschiedenen Orten vor und nach dem See wurden die verbliebenen Auenrelikte aufgewertet. Im Süden, am Dorfrand von Kleindöttingen, gehört dazu das Weerd-Gebiet. Um das Nordende des Sees gibt es gleich drei Aufwertungsgebiete: das Gippinger Grien, der Koblenzer Giriz und der Altarm Machme nordwestlich von Klingnau.

Der Schatz unter Wasser

Auch wenn für viele Besucher die Gleichung «Klingnau = Vögel» gilt, so umfasst das Auengebiet natürlich auch Lebensraum für viele andere Arten. Gemäss einer Studie aus dem Jahr 2014 leben im Wasser des Stausees und in den umliegenden Gewässern 32 Fischarten. Das sind mehr als die Hälfte der 54 in der Schweiz vorkommenden Fischarten. In Flachwasserzonen finden sich Karpfen und Brachsmen, im Aarelauf Bachforellen und Äschen. Auch seltene Arten leben hier, etwa der Bitterling und der Schneider, und weiter stromaufwärts, bei Beznau, laicht gar die seltene Nase.

Und zum Schluss ein Tipp: Falls Sie auf der Westseite den Klingnauer Stausee entlangwandern, lohnt es sich, den Suchradar nicht nur auf Vögel auszurichten. Denn besonders die sonnseitige Böschung hat sich zu einem kleinen Paradies für Heuschrecken gemausert. Das hat seinen Grund darin, dass sie sehr mager und lückig – und damit artenreich – ist. Auch wird sie so gepflegt, dass im Sommer stets Mähstreifen stehen gelassen werden. Das alles gefällt den Heuschrecken. 2019 konnten die Forscher:innen hier zehn verschiedene Heuschreckenarten zählen, zusammen mit dem Gippinger Grien und der Machme sind es gar 19 Arten. Ein Beispiel ist die Zweifarbige Beissschrecke; sie ist typisch für Magerwiesen und profitiert von den Mahdstreifen, da sie ihre Eier in die Pflanzenstängel ablegen kann, ohne dass diese mit einer Mahd im Herbst abgeführt werden. Und schliesslich sind die Auengebiete am Süd- und Nordende des Sees Heimat vieler Lebewesen – sei es mit Fühlern, Flügeln oder Federn, oder mit Blüten, Beeren oder Borken.

Die Schleie ist in den stehenden Gewässern mit dichtem Pflanzenwuchs anzutreffen.

Wandertipp Böttstein–Koblenz

Die Erkundung dieses Flussabschnittes beginnt man am besten in Böttstein. Den Klingnauer Stausee kann man auf beiden Seiten umwandern. Am Nachmittag hat die Westseite den Vorteil, dass man die Sonne beim Beobachten der Vögel im Rücken hat.

START: Bushaltestelle Böttstein, Birch

ROUTE: Der Aare entlang zum Klingnauer Stausee und auf dessen linker Seite zur Bahnstation Koblenz.

KENNDATEN: Länge 8,3 km, eben, ca. 2 Std.

VARIANTEN: Vom Wanderweg aus können mit Zusatz-Loops zusätzliche Gebiete erkundet werden: vor dem Kraftwerkswehr links das Gippinger Grien, nach dem Kraftwerk südlich das Gebiet Machme und nördlich das Gebiet Koblenzer Giriz.

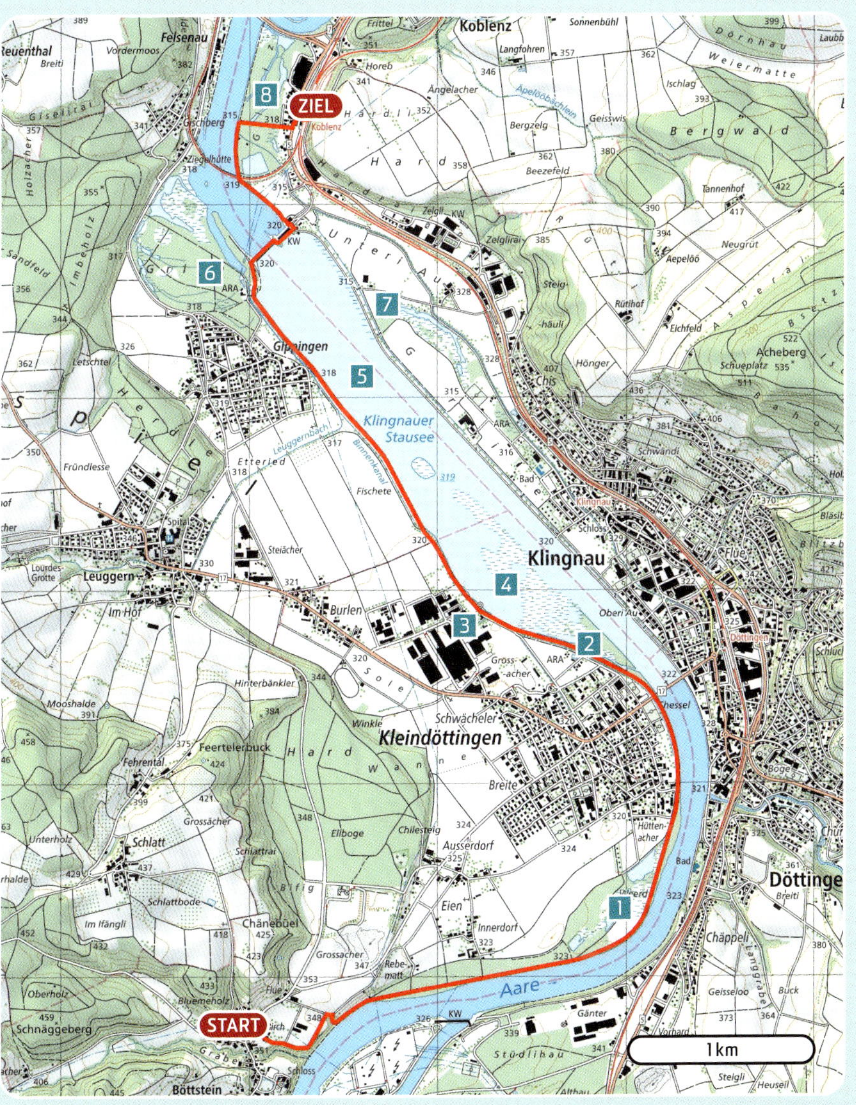

1 Tümpel und Auenwäldchen Weerd

Das Gebiet Weerd ist ein überaus vielfältiger Lebensraum. Hier findet man eine Serie von Tümpeln, Altwassern und Gräben, daneben Auenwäldchen und Seggenrieder. Kein Wunder, ist die Artenvielfalt hier besonders hoch. Ringelnattern schlängeln sich durch das Wasser und stellen Amphibien nach, und mehr als 12 Libellenarten schwirren über die stillen Wasser. Die Tümpel müssen regelmässig ausgebaggert werden, damit sie nicht verlanden.

2 Weichholz-Auenwald

Hier eröffnet sich ein schöner Einblick in einen entstehenden Weichholz-Auenwald. Alle Phasen seiner Entstehung von den Wasserflächen zum Wald sind hier sichtbar – von Seggenbülten (Horste, kleine Hügel) über Schilf, Röhricht und Buschwerk (Salweiden) bis hin zu Bäumen (Silberweiden). In der kalten Jahreszeit ist hier der beste Platz, um am Schilfrand überwinternde Rohrdommeln zu entdecken.

3 BirdLife Naturzentrum

Direkt am Weg liegt das BirdLife-Naturzentrum. Hier gibt es wechselnde Ausstellungen, einen Erlebnispfad durch einen Auengarten und eine Beobachtungshütte mit Blick auf eine Eisvogel-Brutwand (am besten sind die Vögel von März bis September zu sehen). Und wer sich ausruhen und stärken möchte, kann dies im Café tun. Gleich nebenan steht ein Beobachtungsturm mit bestem Blick auf den Klingnauer Stausee mit seinen Schlickbänken und den weiten Schilfbeständen.

4 Grosse Schilfflächen

Jeder braucht etwas Privatsphäre – und so finden viele Vögel im weiten Schilfgürtel Ruhe, Tarnung und auch Nistplätze. An den Rändern können aber Bekassinen und mit viel Glück Tüpfelsumpfhühner beobachtet werden (am besten an Augustabenden), in den Buchten verschiedene Reiher und Enten. In den grossen Silberweiden am Rand sind manchmal Kormorane oder Nachtreiher auszumachen.

5 Offene Wasserflächen

Freie Sicht auf freies Wasser! – Die Flachwasserzonen sind für das Beobachten von Vögeln der ergiebigste Teil des Stausees. Im Frühling und Herbst gibt es hier zahlreiche Entenarten und auf den Schlickflächen vor allem Limikolen (Watvögel) zu sehen. Zu den Trouvaillen für Birder:innen gehören hier der Kiebitz, der Grosse Brachvogel, der Kampfläufer sowie verschiedene Wasser- und Strandläufer. Auch ein Feldstecherblick auf die Äcker westlich des Sees kann sich lohnen: zu den Zugzeiten könnte man hier Gänse, Schwarz- und Braunkehlchen, die Schafstelze und verschiedene Pieper-Arten entdecken. Etwas versteckt im Gebüsch gibt es am Wegrand eine Beobachtungsplattform auf einem alten Bunker.

6 Auenwald Gippinger Grien

Im Gippinger Grien starteten die Renaturierungsarbeiten bereits vor der Einrichtung des Auenschutzparks, mit neuen Tümpeln und entschlackten Gräben, Altarmen und Giessen. Und es hat sich gelohnt: Seltene Pflanzen wie die Wasserfeder, die Sumpf-Wolfsmilch und die Sibirische Schwertlilie haben hier ein Refugium gefunden, und unter den Tieren der Dreistachlige Stichling. Dieses Fischchen wird zwar nur etwa 11 cm lang, weiss sich aber gegen Fressfeinde zu wehren. Drei aufstellbare Stacheln auf dem Rücken und zusätzliche am Bauch sollen seinen Jägern den Appetit verderben. In den Auenwäldern hier ist der exotisch anmutende Pirol zuhause. Mit seinem schwarz-gelben Gefieder und dem wunderschönen «ogloüho» und «didadiglüo» ist er gut zu identifizieren. Zudem gibt es hier eine schöne Population von Sumpfschrecken (die einzige im unteren Aaretal) und eine der grössten Grasfrosch- und Erdkrötenpopulationen im Aargau.

7 Renaturierter Altarm Machme

Kann man zugeschüttete Altarme wieder zu neuem Leben erwecken? Ja, das geht! Mit dem Kraftwerkbau wurde ein grosser Teil des Altarms im Gebiet Machme zugeschüttet. Pro Natura hatte schon vor längerer Zeit einen Teil des Gebiets erworben. 1995 hat der Auenschutzpark einen 500 Meter langen Abschnitt wieder ausgebaggert. Sind die Tiere wieder zurückgekehrt? Ja, das sind sie! Heute tauchen wieder Eisvögel nach kleinen Fischen, und die Grosse Rohrdommel tippelt durch das Schilf. Seit einigen Jahren sind hier auch Wasserbüffel im Pflegeeinsatz: Mit ihrer Beweidung verhindern sie die Verbuschung und kommen auch dorthin, wo Maschinen es nicht hinschaffen. Dadurch ist eine einzigartige offene Sumpflandschaft entstanden, mit untiefen Wasserstellen, die zu den grossen Mangellebensräumen zählen. Für Libellen ein Eldorado, das demnächst um 2,5 Hektaren vergrössert werden soll. Das Gebiet erreicht man in etwa 15 Minuten vom Kraftwerk aus.

8 Auenwald Koblenzer Giriz

Der Auenschutzpark hat hier im Koblenzer Giriz einen 400 Meter langen Seitenarm wieder freigebaggert und den Wasserzufluss neugestaltet. Die ruhigen Gewässer sind damit zu einer Kinderstube für Jungfische geworden. Zu den ständigen Bewohnern gehört der seltene Bitterling, der in Symbiose mit der Grossen Teichmuschel lebt. Das Gebiet leidet unter starker Verlandung, weil der Rhein bei Hochwasser viel Feinmaterial zurückstaut, welches sich hier ablagert. Darum müssen die Gewässer bald wieder ausgebaggert werden. Zwischen April und Juli brüten hier der Kleinspecht, der Mittelspecht und der Pirol.

6

3

4

Vögel – die Sensiblen mit der grossen Klappe

Gewässer und Feuchtgebiete, wie sie im Auenschutzpark vorkommen, sind für viele Vögel überlebenswichtig. Etwa 50 Brutvogelarten in der Schweiz gelten als typische Bewohner solcher Lebensräume; sie brüten im Schilfsaum oder in sumpfigen Verlandungszonen. Im späten Sommer verbringen Tausende von Vögeln die Nacht im Schilfgürtel, zur Zugzeit dient er unzähligen Vögeln als Rastplatz auf ihrer langen Reise, und viele Vögel aus dem Norden verbringen schliesslich den Winter auf den Flüssen und Seen.

Im Auenschutzpark wurde in den vergangenen 30 Jahren auch die Vogelwelt regelmässig untersucht. Das wird im Rahmen von Erfolgskontrollen gemacht – man möchte sehen, ob die Renaturierungen sich positiv auf die Vogelwelt auswirken. Dabei interessiert einerseits die Anzahl der Vögel, andererseits und vor allem aber auch die Anzahl der Vogelarten – im besten Fall hat sich eine bisher fehlende Art neu angesiedelt. Eine solche Studie aus dem Jahr 2023 hat im Gebiet Chly Rhy bei Rietheim Folgendes ergeben:

- 67 Vogelarten brüten hier.
- Am meisten Brutpaare wurden bei der Uferschwalbe gezählt (200, siehe Exkurs Seite 216); es folgen die Mönchsgrasmücke (65), der Buchfink (50) und die Amsel (42).
- Auch seltene Arten konnten die Ornitholog:innen entdecken, beispielsweise den Flussregenpfeifer, die Rohrammer, den Karmingimpel und den Neuntöter.

Viele Arten brauchen Ruhe

Vogelarten der Auenlandschaften haben in den vergangenen 150 Jahren am Verlust ihrer Lebensräume durch Kanalisierungen und Trockenlegungen gelitten. Ein zweiter problematischer Trend ist die vermehrte Freizeitnutzung: Immer mehr Menschen möchten ihre Freizeit auf und am Wasser verbringen, was mit Störungen von Brut- und Ruhegebieten einhergehen kann. Flussregenpfeifer und Eisvogel etwa sind in der Brutzeit auf ungestörte Flussufer angewiesen, und Drosselrohrsänger und Zwergdommeln brauchen stille Röhrichtgebiete. Wasservögel brauchen in der kalten Jahreszeit ungestörte Nahrungsgründe, damit sie genügend Energie tanken können, um auf unseren Gewässern zu überwintern. Darum ist es heute wichtig, an sensiblen Orten die Besucherlenkung so zu gestalten, dass Menschen und Tiere möglichst gut koexistieren können.

Teichrohrsänger schmettern wunderschöne Gesänge durch das Schilf.

Teichrohrsänger

Merkmale: Unauffälliger Vogel, oben braun, unten heller, Kehle weisslich, Beine dunkel. Gesang oft in Dreiergruppen, *«trrik trrik trrik»*, *«tschr tschr tschr»* oder *«tiri tiri tiri»*. Hält sich zur Brutzeit meist im Röhricht oder im Ufergebüsch auf.

Interessant: Der Teichrohrsänger ist eine Knacknuss für Vogelbeobachter:innen, denn er sieht praktisch gleich aus wie der Sumpfrohrsänger. Mit dem Gesang gelingt aber die Unterscheidung. Während er beim Teichrohrsänger monoton ist (und übrigens Pate stand für die Bezeichnung «schimpfen wie ein Rohrspatz»), ist der Gesang beim Sumpfrohrsänger ein melodisches und abwechslungsreiches «Geschwätz» – zusätzlich kann dieser sogar die Stimmen vieler anderer Vögel nachahmen.

Teichrohrsänger verbringen den Winter in Westafrika südlich der Sahara. Etwa Mitte April erscheinen sie bei uns und brüten dann meist in Schilfgebieten – dazu reichen ihnen schon Streifen von einem Meter Breite. Ihr Nest bauen sie aus Gras und Schilfblättern und verankern es an mehreren senkrechten Schilfhalmen. Sie können zweimal pro Jahr brüten, mit drei bis fünf Eiern in jedem Gelege.

Nachtigall

Merkmale: Unauffälliger Vogel, oben braun mit rotbraunem Schwanz, unten heller, weissliche Kehle. Gesang sehr vielseitig und klangvoll. Hält sich gerne in Auenwäldern mit viel Unterholz und auch in dichtem Ufergebüsch auf.

Interessant: Die Nachtigall hat einen der schönsten und auffälligsten Gesänge unter unseren Vögeln. Sie singt nicht nur in der Nacht, wie ihr Name vermuten lässt, sondern auch tagsüber, vor allem aber in der Dämmerung. Wenn die Vögel Anfang April aus ihren Winterquartieren im tropischen Afrika zurückkehren, singen die Männchen um die Wette, um die Weibchen anzulocken (die ein paar Tage später eintreffen) und um ihr Revier zu verteidigen.

Das Nachtigall-Pärchen baut einen Napf aus Gras und Laub im Schutz eines Busches und nahe am Boden, in den das Weibchen vier bis fünf Eier legt. Sie brüten nur einmal pro Jahr. In der Schweiz brüten etwa 2000 Paare. Überbauungen, das Verschwinden von Hecken und zu intensive Pflege von Ufervegetationen lassen aber ihre Lebensräume schwinden.

Kleinspecht

Merkmale: Klein, nur etwa 15 cm lang. Schwarz-weiss mit gebändertem Flügel und unterem Rücken. Männchen mit rotem Scheitel. Ruft hoch und schnell «kikikikiki».

Interessant: Der Kleinspecht ist unsere kleinste Spechtart und nur etwa so gross wie ein Haussperling (Spatz). Auch im Verhalten ist er etwas anders als andere Spechte – er sucht nämlich nicht die Stämme der Bäume nach Nahrung ab, so wie es die meisten Spechtarten tun, sondern klettert an kleinen, oft dürren Ästen im Kronenbereich herum. Wenn rücklings an einem Ast hängend nach Blattläusen oder Ameisen sucht, gleicht er gar einer Meise. Im Winter sucht er seine Nahrung aber auch an Sträuchern, an Stauden oder im Schilf.

Kleinspechten gefällt es in Auenlandschaften und Feuchtgebieten, besonders angetan haben es ihnen Weiden und Pappeln. Kleinspechte können vom Vorkommen von Bibern profitieren, denn die Nager fällen Bäume, und im liegenden Totholz finden die Vögel ihre Nahrung wie Larven, Ameisen oder Käfer. Der Kleinspecht ist in der Schweiz nicht gefährdet; seine Bestände nahmen in den letzten 30 Jahren gar zu.

Schwarzmilan

Merkmale: Dunkelbraun, ca. 55 cm lang, vor allem Kopf und Rücken etwas heller gesprenkelt, Schwanz weniger tief gegabelt als beim ähnlichen Rotmilan.

Interessant: Während man den Rotmilan das ganze Jahr über bei uns beobachten kann, fehlt der Schwarzmilan im Winter bei uns. Im Herbst ziehen die meisten über Gibraltar nach Westafrika südlich der Sahara, um dann im Februar oder März wieder zurückzukehren. Und während der Rotmilan eher ein Vogel der Wälder und Kulturlandschaften ist, sieht man den Schwarzmilan oft über dem Wasser. Hier schnappt er sich gerne tote Fische, die auf dem Wasser treiben. Er scheut aber auch nicht davor zurück, auf Autobahnen überfahrene Tiere zu suchen oder seine Beute auf Komposthaufen zu suchen.

Schwarzmilane brüten vor allem in der Nähe von Seen und Flüssen, ihre Nester bauen sie weit oben in den Ästen alter Bäume. Die Paare haben nur ein Gelege mit zwei bis drei Eiern pro Jahr. In der Schweiz gibt es etwa 2000 bis 3000 Paare, ihr Bestand ist nicht gefährdet.

Folgende Doppelseite: Die Zwergdommel
hält sich meistens gut getarnt im Schilfsaum auf.

BÜNZ BEI MÖRIKEN

Die Kleine zeigt's allen

Die kleine Bünz hat es faustdick hinter den Ohren. Während die Renaturierungen in allen anderen Gebieten des Auenschutzparks minutiös geplant und umgesetzt wurden, hat die Bünz das Heft selbst in die Hand genommen. Sie hat sich nämlich ihre eigenen Auen (wieder) geschaffen.

Geboren aus der Kälte

Sind Sie bereit für eine kleine Zeitreise? Der Startpunkt: der Damm bei Othmarsingen, dort, wo heute Autobahn und Bahnlinie das Bünztal queren. Nun geht's zurück, und zwar gleich 20000 Jahre, in die Zeit der letzten Eiszeit. *Sssswisch* – Sie reiben sich die Augen – was für eine andere Welt! Es ist bitterkalt, Sie stehen beim Gletschertor eines gigantischen Gletschers, und weit und breit ist kein Baum zu sehen. Es sieht so aus, als kämen hier gleich zwei Gletscherzungen zusammen (die Arme des Aare- und des Reussgletschers). Und hinter Ihnen, in Richtung Aare, breitet sich eine riesige Schutt- und Schotterwelt aus. Durch sie fliessen die Schmelzwasser der Gletscher in grossen Bögen Richtung Aare. Sie können sich vage ans Heute erinnern, an die Ferien in den Bergen; es sieht hier aus wie … wie beim Morteratschgletscher im Oberengadin, oder wie im Vorfeld des Zmuttgletschers in Zermatt.

Ssswusch – zurück im Heute, aber noch immer stehen Sie auf dem Damm bei Othmarsingen. Es ist so viel wärmer. Kein Gletscher weit und breit, dafür breiten sich Dörfer und Städte aus, Strassen und Zuglinien kreuz und quer, die Hügelketten sind dicht bewaldet, und die flachen Gebiete ein dichtes Mosaik aus Wiesen und Äckern. Die Bünz?

Die Blauflügelige Sandschrecke – Schönheit auf den zweiten Blick

Mit ihrer grauen oder bräunlichen Färbung ist die Blauflügelige Sandschrecke im Kiesbett nur schwer zu entdecken. Fliegt sie auf, erhascht man vielleicht einen Blick auf die bläulich gefärbten Hinterflügel. Die Bünz ist das erste Auengebiet im Auenschutzpark, in dem diese Heuschrecke spontan wiederentdeckt wurde. Der Bestand der Art in der Schweiz gilt als verletzlich.

Vorangehende Doppelseite: Naturnahe Bünz bei den Roossimatten.

Oben: Das Bünz-Hochwasser 1999. Vorher, anschwellend, und danach. Das Bachbett ist jetzt massiv breiter.

Ja, sie ist noch immer da. Sie ist gar der längste Bach des Kantons Aargau. Aber sie wurde gebändigt. In der ersten Hälfte des 20. Jahrhunderts wurde sie kanalisiert und tiefer gelegt, «korrigiert», wie es die Planer und Politiker genannt haben. Auf jeden Fall hat sie ihre natürliche Kraft verloren, viele Tier- und Pflanzenarten sind verschwunden. Im untersten Teil, zwischen dem Bahndamm in Othmarsingen und der Mündung in die Aare, wurden hingegen nur noch die Ufer gesichert. Hier überflutet der Bach noch regelmässig das Kulturland.

Ausbruch in die Freiheit

Meistens ist auch ein Ausbruch aus einem Gefängnis minutiös geplant – so kennen wir es jedenfalls aus Filmen. Die «Befreiung» der Bünz bei Möriken aus ihrem Korsett aber war nicht geplant, die Natur folgte einfach ihren eigenen Regeln. Und so ergab sich der folgende Ablauf:

Am 12. Mai 1999 entluden sich gigantische Wassermassen aus den Wolken über dem Einzugsgebiet der Bünz (das sich fast mit dem Freiamt deckt). Während die Bünz an durchschnittlichen Tagen knapp 2 Kubikmeter Wasser pro Sekunde führt, donnerten an jenem Tag 68 Kubikmeter Wasser pro Sekunde durch das kleine Bachbett. Ein Jahrhundert-Hochwasser! Und solche Hochwasser setzen riesige Kräfte frei, die überall unterspülen, wegreissen und nagen. Oberhalb des Dorfs Möriken schien es, als wären Dutzende von Abbruchmaschinen, Ladebaggern und Abfuhrlastwagen in einem hektischen Einsatz:

- Uferverbauungen wurden weggerissen.
- Brücken, Leitungen und Schutzmauern brachen zusammen.
- Es kam zu massiven Erosionen.
- Rund vier Hektaren Kulturland wurde weggeschwemmt.
- An manchen Orten weitete sich das Bachbett von 8 auf 50 Meter, andernorts gar auf fast 100 Meter aus.
- Felder wurden überströmt und die Wassermassen frassen 50 Meter lange Erosionstrichter in den Boden.
- Etwa 12 000 Kubikmeter Geschiebe wurden in schnell fliessenden Bereichen wegerodiert und an langsamer fliessenden Stellen weiter unten wieder abgelagert. Das entspricht etwa 1500 Lastwagenladungen.

Mut für mehr Natur

Das Hochwasser vom Mai 1999 hatte nicht nur den Bachlauf der Bünz verlagert, es kam auch zu grossen Sachschäden. Vier Hektaren Kulturland wurden weggeschwemmt, Kanalisationsrohre barsten, Trinkwasserleitungen brachen, Gaspipelines wurden freigespült und Strommasten fielen um. Es galt erst einmal, sich einen Überblick zu verschaffen, weitere Schäden zu verhindern – und vor allem zu entscheiden, wie es mit dem Bünztal und ihrer Bünz weitergehen sollte. Zeit für eine Krisen- und Planungssitzung!

Verantwortliche des Kantons und der Gemeinden sassen an einen Tisch, studierten Karten und Pläne, wogen Interessen und Kosten ab und beurteilten Szenarien. Das Resultat war quasi visionär: Die Chance sollte genutzt werden, aus der Bünz bei Möriken gleich eine neue, wenn auch kleine Auenlandschaft zu machen. Konkret hiess das: keine Korrektur des neuen Bachlaufs im Kulturland. Kein Zurück zum Zustand vor dem Hochwasserereignis. Dafür mussten Baugebiet und Infrastrukturanlagen wie Strom-, Abwasser-, Trinkwasser- und Gasleitungen geschützt (oder verlegt) werden. Das hiess auch, auf einem drei Kilometer langen Bachabschnitt die Eigentums- und Nutzungsverhältnisse neu zu ordnen. So sollte das Land der Bünz und der ihr zugestandene Freiraum zu beiden Seiten möglichst dem Kanton oder den Gemeinden zugeteilt werden. Bauern, die dafür Land hergeben mussten oder Land an die Bünz verloren hatten, erhielten Realersatz an anderen Orten.

Rechte Seite, oben:
Natürliche Uferböschung an der Bünz.

Rechte Seite, unten:
Frühlingswiese bei Möriken.

Folgende Doppelseite:
Die Bünz bei Möriken.

Schluss mit Pestiziden

Die Vision machte aber nicht an den Ufern der Bünz (oder des Bereichs, den sie überfluten durfte) Halt. Das ganze Bünztal unterhalb des Bahndamms in Othmarsingen sollte ökologisch aufgewertet werden. Das hiess auch, die Landwirtschaft naturverträglicher zu gestalten:

- Auf den Flächen in der Nähe der Bünz gibt es nur noch eine extensive Grünlandnutzung oder Beweidung; Pflügen, Düngen und Pestizide jeder Art sind verboten.
- Damit kann auch der Nitrat- und Schadstoffeintrag in das Grundwasser verringert werden.
- Diese Flächen können so lange genutzt werden, bis die Bünz sie sich durch ihre Dynamik wieder einverleibt oder sie für Renaturierungen verwendet werden.
- Auf Flächen etwas weiter weg von der Bünz ist Ackerbau erlaubt; mit Bewirtschaftungs-Vereinbarungen wird aber eine Extensivierung angestrebt, und Bauern erhalten vom Kanton gratis eine Betriebsberatung, um dieses Ziel zu erreichen.

Das Rosmarinblättrige Weidenröschen

Pink und filigran, aber hart im Nehmen: das ist das Rosmarinblättrige Weidenröschen. Mit seinen schmalen Blättern und den zarten Blüten wirkt diese bis zu einem Meter grosse Pflanze eher zerbrechlich. Aber das täuscht. Mit ihren langen, unterirdischen Ausläufern vermag sie auf Sand- und Kiesbänken schnell Fuss zu fassen. Ihre Blüten werden von Insekten bestäubt. Sie ist eine wertvolle Futterpflanze für die Raupen des Nachtkerzenschwärmers und des Fledermausschwärmers, zwei Schmetterlingsarten.

Linke Seite, oben: Gemeine Akelei im Ufergebüsch.

Linke Seite, unten: Vielfalt in einer ungedüngten Wiese.

Folgende Doppelseite: Die Bünz bei Möriken.

Die Bünz: klein aber *oho!*

In der Schweiz gibt es etwa 65000 Kilometer Fliessgewässer (gemessen auf der 25000er-Karte). Die etwa drei Kilometer der Bünz zwischen dem Bahndamm in Othmarsingen und Möriken sind damit ein verschwindend kleiner Teil. Aber dafür besticht die Bünz hier durch ihre Natürlichkeit und Dynamik. Das Ziel des Kantons und der Gemeinden ist es, dass die Bünz hier eine richtig wilde Bachaue sein kann und ihre gestalterische Kraft ausleben darf. Mit jedem Hochwasser kann der Bach sein Bett umgestalten oder neue Seitenarme und Kiesflächen bilden. Der Bünz-Abschnitt hier ist gar die einzige Aue in der Schweiz, die wegen dieser Dynamik die Auszeichnung «von nationaler Bedeutung» erhalten hat.

Besonders die Kies- und Geröllflächen, die nach Hochwassern neu entstehen, sind sehr wertvolle, da selten gewordene Lebensräume. Die anfänglich völlig kahlen Flächen werden über die Monate und Jahre immer stärker überwachsen – ein Prozess, den man Sukzession nennt – anfänglich mit kleinen Pionierpflanzen wie etwa dem Rosmarin-Weidenröschen oder dem Wundklee, später mit Sträuchern und Bäumen wie Weiden und Erlen. Aber auch Kiesflächen, die noch kaum bewachsen sind, sind Lebensraum von Tieren. Heuschrecken etwa gefällt es hier besonders gut, und in einer Studie von 2018/2019 konnten in den Bünzauen 15 verschiedene Arten festgestellt werden. Unter ihnen findet sich auch die gefährdete Blauflügelige Sandschrecke.

Echter Wundklee auf den Kiesflächen neben der Bünz.

Die Bünz vor dem 1999-Hochwasser (oben), zwei Jahre danach (Mitte) und 25 Jahre danach (unten). Das Bachbett hat sich stark verbreitert, die Kiesflächen sind wieder überwachsen worden.

Es gibt auch Vogelarten, die auf solch schwach bewachsene Kies- und Geröllflächen angewiesen sind, etwa der Flussregenpfeifer und der Flussuferläufer, beides in der Schweiz sehr seltene Arten. Sie sind sehr störungsanfällig und haben grosse Fluchtdistanzen; wegen freilaufenden Hunden und dem Erholungsbetrieb ist hier bisher noch nie eine Brut geglückt. Irgendwann werden die bewachsenen Flächen durch ein Hochwasser wieder weggeschwemmt – und es entsteht an einer anderen Stelle eine neue, kahle Kiesinsel.

Neben den Kies- und Geröllflächen gibt es an der Bünz aber noch zahlreiche andere Lebensräume: Strauchsäume, Wäldchen, artenreiche Wiesen und Amphibienlaichgewässer, beispielsweise in der ehemaligen Kiesgrube bei Lindimatt. Es ist das Mosaik dieser Habitate, die das Bünztal so ausserordentlich wertvoll macht. In einer Erhebung 2009/2010 wurden nicht weniger als 81 Laufkäferarten gefunden, darunter 31 Arten, die vorwiegend in Auen vorkommen. Eine Sensation war der Fund des Grüngestreiften Grundkäfers. Er sieht ein wenig aus wie ein Marienkäfer, hat aber eine braunschwarze Färbung mit metallisch leuchtenden, grünen Flecken.

Auch den Libellen gefällt es in der Bünzaue. Konnten in einer Zählung in den Jahren 2005/2006 nur 17 Arten beobachtet werden, waren es zehn Jahre später bereits deren 29. Unter diesen fand sich auch die stark gefährdete Grüne Keiljungfer. Sie braucht natürliche Fliessgewässer mit sonnigen Ufern und einem vielfältigen Umland mit Wiesen und Wäldern – so wie eben an der naturnahen und dynamischen Bünz.

Vorangehende Doppelseite: Eisvogel-Pärchen. Zur Balzzeit bringen die Männchen den Weibchen Fische; das stärkt die Paarbindung.

Links: Sie geniessen das Gurgeln und Rauschen der Bünz.

Wandertipp Bünz

Auf einer kurzen Wanderung ab Othmarsingen lässt sich das kleine Auenjuwel an der unteren Bünz wunderbar erwandern.

START: Bahnhof Othmarsingen

ROUTE: Auf einem markierten Wanderweg nach Möriken AG, Gemeindehaus.

KENNDATEN: Länge 4,1 km, 30 m Aufstieg, 60 m Abstieg, ca. 1 Std.

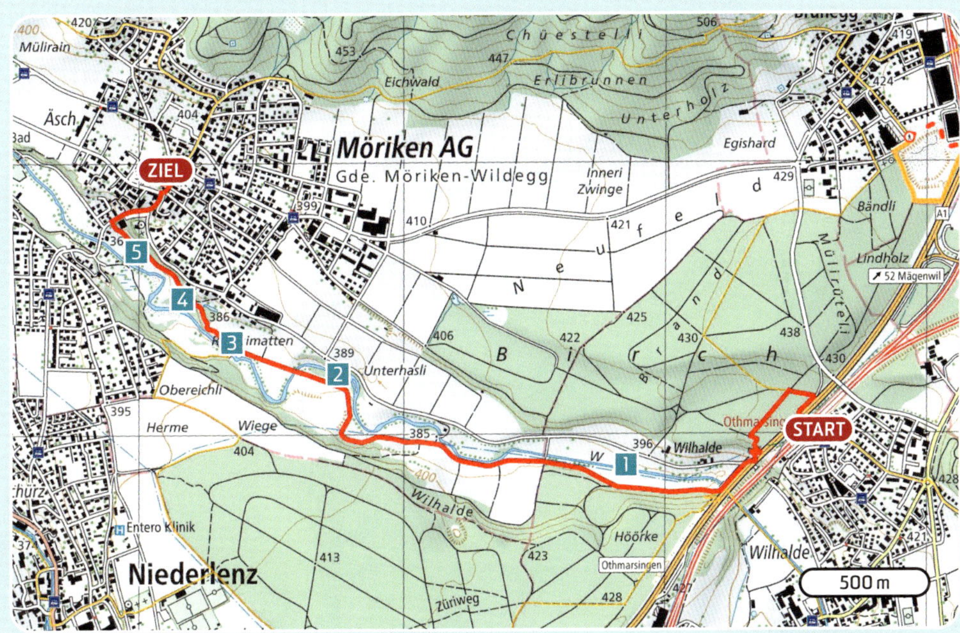

1 Kanalisierte Bünz

Auf dem obersten Abschnitt ist die Bünz noch in ein enges Korsett gezwängt. Die Renaturierung ist aber in Planung und soll in den nächsten Jahren umgesetzt werden.

2 Feuerstelle

Neben der Feuerstelle hat der Bewirtschafter einen neuen Tümpel für Amphibien angelegt, und auch der Biber ist hier aktiv. Seine Spuren erkennt man im Winterhalbjahr oft an den angenagten Ästen.

3 Aussichtspunkt Roossimatten

Von der Brücke Roossimatten aus hat man den schönsten Blick auf den natürlichen Bachlauf zu beiden Seiten, und im Hintergrund thront das Schloss Wildegg. Die verschiedenen Abbruchkanten zeugen von mehreren Hochwassern, und dazwischen sind die unterschiedlichen Sukzessionsstadien gut erkennbar.

4 Weidenwäldchen

Hier führt der Wanderweg durch ein verwunschenes Weidenwäldchen. Auf den offenen Bodenstellen sind erste Pionierbesiedler unter den Blütenpflanzen zu entdecken, und die Blauflügelige Sandschrecke hält sich auf offenen Stellen gut getarnt zwischen den Steinen versteckt.

5 Artenreiche Wiese

Seit 20 Jahren ist der Ackerbau entlang dem Bach in der Bünzaue eingestellt. Eine artenreiche Blumenwiesenmischung wurde eingesät. Das Dauergrünland blüht je nach Jahreszeit unterschiedlich und zieht viele Tagfalter an.

Laufkäfer – die Qualitätszeiger für Auen

Sie sind mit fast 400 000 Arten die grösste Ordnung in der Tierwelt und haben mit ihrer Vielfalt beinahe jeden Lebensraum erobert: die Käfer. Und sie bestechen mit den unglaublichsten Leistungen. Einem Kurzflügelkäfer aus Australien wächst auf seinem Rücken ein Anhängsel, das wie eine Termite aussieht, komplett mit Fühlern und Beinchen – der Käfer unter der Attrappe lässt sich dann von echten Termiten füttern. Und der Teuflische Eisenplattenkäfer aus Nordamerika ist praktisch unzerstörbar; sein Panzer ist derart stark, dass er nach dem Überfahrenwerden von einem Auto einfach weiterkrabbelt.

Aber auch unter den Käfern im Auenschutzpark gibt es einige faszinierende Gesellen:

- Der Grosse Bombardierkäfer hat so etwas wie ein Raketentriebwerk erfunden und beschiesst seine Angreifer explosionsartig mit einem ätzenden und 100 °C heissen Gas-Gift-Gemisch.
- Die Spanische Fliege sondert ein Sekret ab, das in hohen Dosen für den Menschen tödlich ist, aber in niedrigen Dosen zur Behandlung von Hautwarzen verwendet wird.
- Der Grosse Puppenräuber frisst so viele Raupen und Puppen von Blattwespen, dass er noch heute in der biologischen Schädlingsbekämpfung zum Einsatz kommt.

Und schliesslich glänzen einige Käfer mit einem derart bunten und schillernden Kleid, dass sie in ihrer Auffälligkeit und Schönheit auch dem prächtigsten Schmetterling das Wasser reichen können.

Dünen-Sandlaufkäfer bei Sins.

Der Grosse Puppenräuber ist ein hübscher und überaus gefrässiger Käfer.

Laufkäfer – sensible Zeiger für die Auenqualität

Etwa zehn Prozent der Käferarten gehören zur Familie der Laufkäfer. In der Schweiz kommen etwas mehr als 500 Arten vor. In einer Studie zu den Villnachern Schachen und zur Bünzaue konnten die Forscher die erstaunliche Zahl von 120 Laufkäferarten finden; die meisten davon sind nur wenige Millimeter gross und leben gut versteckt, beispielsweise unter vermoderndem oder angeschwemmtem Pflanzenmaterial. Laufkäfer haben für Auen eine grosse Bedeutung: 83 % der Laufkäferarten können in Auen vorkommen, und 26 % sind Auenkennarten, also Arten, die vorwiegend oder gar ausschliesslich in Auen zu finden sind.

Viele Laufkäfer reagieren sehr sensibel auf Veränderungen in ihrem Lebensraum. Das macht sie zu hervorragenden «Messinstrumenten» für die Beurteilung der ökologischen Qualität von Auenlandschaften. In begrenztem Mass ist dies auch mit anderen Arten möglich, etwa mit Brutvögeln, Wildbienen oder Amphibien. Aber unter den in der Schweiz festgelegten 286 Auenkennarten gehören 132 Arten, also fast die Hälfte, zu den Laufkäfern. Das hängt auch damit zusammen, dass einige Laufkäferarten regelrecht von Überflutungen abhängig sind und beispielsweise neu gebildete und vegetationsfreie Sandflächen, wie sie typisch für dynamische Auen sind, besiedeln. Andere Laufkäferarten leben im Röhricht, in Auenwäldern oder in Feuchtwiesen. Da also zahlreiche Laufkäferarten auf intakte Auenlandschaften angewiesen sind, haben sie mit der Zerstörung oder Beeinträchtigung von Auen an vielen Orten der Schweiz stark gelitten – 55 der 132 Arten sind heute gefährdet.

Der Erzgraue Uferläufer

MERKMALE: 5 bis 7 mm lang, Grundton kupfrig mit gelblichem Einschlag (daher der Name «Erzgrau»). Auf den Flügeldecken vier Reihen von Augenpunkten mit blauviolettem Zentrum und drei Reihen von dunklen, eckigen Flecken.

INTERESSANT: Die erwachsenen Käfer sind Räuber und tagaktiv. Ihre Mundwerkzeuge sind nicht auf bestimmte Beutetiere spezialisiert; man nimmt daher an, dass sie sich von einer Vielzahl von Kleintieren ernähren – Spinnen, Regenwürmer, Käfer, Bachkrebse, Fliegen und Schmetterlinge. Die Entwicklungszeit vom Ei zum ausgewachsenen Käfer dauert schätzungsweise eineinhalb Monate. Der Erzgraue Uferläufer ähnelt einem Flugzeug ohne Triebwerk: Bei einer Studie an 156 Käfern hatten zwar alle voll ausgebildete Hautflügel, die Flugmuskulatur war aber meist nur wenig oder gar nicht ausgebildet.

GEFÄHRDUNG: Der Erzgraue Uferläufer lebt hauptsächlich auf offenen, sandig-lehmigen Stellen in Wassernähe – also an Orten, die durch Überschwemmungen geschaffen wurden. Da aufgrund von Flussverbauungen viele der Lebensräume verloren gegangen sind, haben die Bestände der Art stark abgenommen. Zudem kann der flugunfähige Erzgraue Uferläufer praktisch nur laufend neue Lebensräume erschliessen. Sind diese nicht vernetzt, kann er nicht in sie vordringen. Der Erzgraue Uferläufer ist in der Schweiz stark gefährdet (Rote Liste 1994).

Der Feld-Sandlaufkäfer

MERKMALE: 10 bis 18 mm lang, Grundfarbe des Körpers kräftig grün, manchmal auch bläulich oder braun, je ein gelblich-weisser Fleck hinter der Mitte der Flügeldecken, Fühler und Beine grösstenteils dunkelrot.

INTERESSANT: Der Feld-Sandlaufkäfer hat überaus starke Kiefer, mit denen er andere Insekten oder Spinnen erbeutet, deren Panzer knackt und sie dann aussaugt. Er ist ein flinker Läufer und sucht seine Beute gerne auf nur spärlich bewachsenen, sandigen Stellen. Auch die Larven, die in einer 3 bis 4 mm breiten Röhre im Boden verharren, leben räuberisch: Mit ihrem Kopf und Halsschild verschliessen sie den Röhreneingang und lauern so auf Beute. Bei Gefahr rutschen sie tiefer in ihre Röhre. Die Larve überwintert einmal oder sogar mehrmals in dieser Röhre.

GEFÄHRDUNG: Der Feld-Sandlaufkäfer ist in der Schweiz recht weit verbreitet und nicht auf der Roten Liste.

Rechte Seite: Die Spanische Fliege, deren Sekret noch immer zur Behandlung von Hautwarzen verwendet wird.

Folgende Doppelseite: Der Dünen-Sandlaufkäfer lebt nicht nur in Dünen, sondern auch in anderen sandigen Lebensräumen.

RIETHEIM–KOBLENZ

«Es läuft wieder!» am kleinen grossen Rhein

Fast 100 Jahre lang war der 1,5 Kilometer lange Seitenarm Chly Rhy bei Rietheim so gut wie tot – vom Rhein abgetrennt und aufgeschüttet. Jetzt ist der «Infarkt» behandelt, und das Rheinwasser fliesst wieder. Aber es gibt noch mehr Erfolgsgeschichten hier!

Trotz seiner respektablen Grösse gibt es am Rhein bedeutend weniger Auengebiete als an der Aare, der Reuss und der Limmat. Wie ist das möglich? Letztere Gewässer fliessen durch Schotterebenen in einer Molasse-Moränenlandschaft mit breiten, flachen Flusstälern – hier können die Flüsse mäandrieren und grosse Schleifen und kleine Seitengerinne bilden. Und diese sind das Herzblut von Auenlandschaften. Beim

Biber – starke Zähne für starke Auen

Er ist der grösste Baumeister in den Auen – und auch eines der heimlichsten Tiere: der Biber. Wer mit offenen Augen im Auenschutzpark unterwegs ist, wird bald seine Spuren sehen: angenagte Bäume, gefällte Bäume oder graslose Trampelpfade, die wie Rutschbahnen vom Land über eine Böschung hinab zum Wasser führen.

Doch warum bauen Biber eigentlich Dämme? Dämme gehören zu ihrem Sicherheitskonzept. Das aufgestaute und höherstehende Wasser ermöglicht es ihnen, den Eingang in ihre Wohnungen unter Wasser zu halten und vor Feinden zu schützen. Im Auenschutzpark sind Dämme allerdings selten; hier graben die Biber meistens Erdbaue statt Biberburgen aus Ästen zu bauen. Und warum fällen Biber Bäume? Ganz einfach: sie fressen sie, oder zumindest die Rinde, die dünneren Äste und die Blätter.

Anfang des 19. Jahrhunderts wurde der letzte Biber in der Schweiz geschossen. Ab den 1950er-Jahren setzten engagierte Privatleute wieder Biber aus; am Rhein und im Wasserschloss bei Brugg im Kanton Aargau waren es 56 Tiere. Heute gibt es im Kanton wieder knapp 300 Biber, in der ganzen Schweiz sind es fast 5000 Tiere.

Der Biber schafft durch sein emsiges Treiben – ganz ohne Geld und Baggerlärm – die schönsten Auenlandschaften. In einem fünf Hektar grossen Waldgebiet in der Schweiz, das durch den Biber geflutet wurde, ist die Artenvielfalt innert weniger Jahren sprunghaft angestiegen. Seltene Libellen und Amphibien sind zurückgekehrt, der Eisvogel jagt dort wieder nach kleinen Fischen, und auf sonnendurchfluteten Waldflächen und in Totholzhaufen finden unzählige Tiere Lebensraum und Nahrung.

Vorangehende Doppelseite: Uferweg am Chly Rhy.

Oben: Insel im Rhein beim Chly Rhy.

Folgende Doppelseite: Verträumter Tümpel beim Chly Rhy.

Hochrhein, dem Abschnitt zwischen dem Bodensee und Basel, sieht das anders aus. Hier ist der Fluss meistens zwischen Schwarzwaldkristallin und Jurakalk eingeengt. Der Rhein hatte kaum Platz, um auszuufern und weite, verzweigte Auengebiete zu bilden.

Doch es gibt einige Ausnahmen, und eine davon findet sich bei Rietheim. An diesem Abschnitt des Rheins kommen gleich mehrere Phänomene zusammen. Zuerst einmal findet sich hier mit einer Länge von 12 Kilometern die längste noch frei fliessende Strecke des Hochrheins. Mit anderen Worten: der Fluss des Wassers wird nicht von Staustufen und Wehren beeinflusst. Zweitens überfliesst der Rhein unterhalb von Rietheim mehrere Stufen im Muschelkalk – beim Koblenzer Laufen liegt die einzige noch vollständig erhaltene Stromschnelle unterhalb des Rheinfalls, und diese führt bei Hochwasser zu einem Rückstau. Und schliesslich war die Ebene bei Rietheim breit und flach genug, damit sich überhaupt Auen bilden konnten.

Einstmals abgetrennt und aufgefüllt …

Vor über hundert Jahren gab es bei Rietheim den Chly Rhy, also den Kleinen Rhein, einen Seitenarm von etwa anderthalb Kilometern Länge. 1920 ging es ihm aber an den Kragen – und das gleich massiv. Durch eine Uferverbauung am Rhein wurde der Einfluss des Wassers in den Seitenarm unterbunden. Der Seitenarm selbst wurde teilweise aufgefüllt. Und gegen Ende der 1960er-Jahre wurde hier gar mit dem Bau eines neuen Flusskraftwerks begonnen! Dessen Installationsplatz und die Zufahrt führten durch einen Feuchtwald bei der Mündung des Seitenarms, der unzimperlich aufgeschüttet wurde. Als Folge des Zerfalls der Strompreise wurde der Kraftwerksbau glücklicherweise umgehend eingestellt. Doch weitere Aktivitäten des Menschen haben der Natur zugesetzt. Durch die damalige Melioration wurde die Kulturlandschaft um den Seitenarm praktisch

Der Kammmolch – der kleine Drache

Mit seinem wild gezackten Rückenkamm, seiner schwarzen Färbung, dem feuriggelb gefleckten Bauch und dem grossen Schwanz ähnelt das Kammmolch-Männchen einem kleinen Drachenwesen aus fantastischen Welten. Die maximale Länge von etwa 18 cm reicht allerdings nur, um kleine Gegner in die Flucht zu schlagen. Die Weibchen sind viel dezenter und haben keinen Rückenkamm.

Ideale Gewässer für Kammmolche sind gut einen halben Meter tief, haben viel Unterwasserpflanzen und eine dünne Schlammschicht am Boden. In den letzten 25 Jahren ist etwa die Hälfte der Vorkommen in der Schweiz verschwunden, da besonders grössere, zusammenhängende Feuchtgebiete selten geworden sind. Darum ist es wichtig, die bestehenden Biotope zu schützen, zu pflegen und die Landschaft mit einem Netz von Gewässern und Feuchtgebieten zu überziehen, also in die ökologische Infrastruktur zu investieren.

vollständig ausgeräumt, also Hecken entfernt, Einzelbäume gefällt und alles abgeführt, was dem Traktor im Weg stand. Kein Wunder hat die Biodiversität, also die Vielfalt an Lebensräumen und Arten, massiv gelitten. Zu jener Zeit hatte sie noch nicht den Stellenwert von heute.

… heute lebendiges Auengebiet

Was wurde nun konkret gemacht im Gebiet des Chly Rhy? Eine ganze Menge! Als Schwerpunkt wurde der Chly Rhy wieder ausgebaggert und der Zufluss vom Rhein her wieder geöffnet. Damit konnte wieder ein langer Seitenarm entstehen. Daneben gab es aber im 35 Hektaren grossen Gebiet noch zahlreiche weitere Aufwertungen:

- Uferverbauungen am Rhein selbst wurden abschnittsweise entfernt, sodass der Fluss wieder seine Gestaltungskraft an den Ufern ausleben kann. So entstehen neue Strukturen wie Buchten, Kolke, kiesige und sandige Bereiche und umgestürzte Bäume, die alle als Lebensraum für Fische und andere Arten dienen.
- Trockene und feuchte Wiesen wurden angelegt und mit Strukturen wie Stein- und Asthaufen und kleinen Gebüschen angereichert.
- Zwischen Auengebiet und Ackerland gibt es einen Pufferstreifen, der als Blumenwiese ohne Dünger und Pestizide bewirtschaftet wird.
- Das Gebiet ist jetzt auch für Besucher:innen viel interessanter, mit einem neuen Wegnetz, einer Feuerstelle und einem Beobachtungsturm, der im Sommer in einem Kleid von Weidengrün verschwindet.

Blick vom Beobachtungsturm beim neuen See.

Natürlich geschah das nicht über Nacht, und es gab auch Widerstände von verschiedenen Seiten. Besonders aktiv eingebracht für eine Lösung hat sich Pro Natura Aargau.

Könnten sie, so würden Vögel heute bestimmt ein «Daumen hoch» für dieses Gebiet geben. Heute sind die Auen am Chly Rhy und die Ruderalflächen und Riedwiesen ein Refugium für viele Arten. Möchten Sie sich hier im Frühling und Frühsommer an deren Gesängen freuen? Dann haben Sie beste Chancen auf eine ganze Reihe toller Sopranistinnen und Tenöre. 15 Nachtigall-Paare konnten 2023 gezählt werden und fast 40 Zaunkönig-Reviere. Der Höhepunkt eines Konzerts wäre sicher das fantastische, manchmal minutenlange Solo einer Feldlerche. Und ein solches bleibendes Erlebnis könnte tatsächlich möglich sein – denn im selben Jahr wurden hier 4 Reviere gezählt.

Wildbienen – die anderen 600

Alle kennen sie, die Honigbiene – denn dank ihr haben wir einen leckeren Aufstrich auf dem Frühstücksbrot. Doch wussten Sie, dass es in der Schweiz noch mehr als 600 andere Bienenarten gibt? Man nennt sie auch Wildbienen. Eine davon ist die Frühlings-Seidenbiene. Wie viele andere Wildbienen wohnt sie über den Winter in einer Röhre im sandigen Boden, oft in grossen Kolonien. Im März oder April kommt sie ans Tageslicht und ernährt sich vom Pollen der Weiden. Wildbienen und ihre Kollegen, die Schwebfliegen, bestäuben auf Feldern bis zu zwei Drittel der Blüten, sind also für das Heranwachsen unserer Nahrungsmittel äusserst wichtig. Und sie tun dies auch bei schlechtem Wetter – dann, wenn die Honigbiene keine Lust hat, ihren Stock zu verlassen. Viele Wildbienen-Arten sind in der Schweiz gefährdet. Werden in einem Gebiet alle Wiesen innerhalb weniger Tage gemäht, finden die Wildbienen keine Nahrung mehr. Aber man kann ihnen helfen – in einem Privatgarten können 50 bis 100 Arten leben. Am liebsten haben sie artenreiche Wiesen und Ruderalflächen, auf denen es von März bis Oktober immer wieder blüht.

Rechte Seite, oben: Neuer See mit dem Beobachtungsturm.

Rechte Seite, unten: Begehrte Landeplätze auf einer kleinen Insel. Mittelmeermöwen und Kormorane.

Folgende Doppelseite: Im Frühling graben die Uferschwalben die Brutröhren in den Sand.

«Ich bin fasziniert von den Uferschwalben»

Krista Godderidge, angetroffen am Chly Rhy

Kommen Sie oft hierher? — Nein, eigentlich nicht, das ist das erste Mal, dass ich hier bin.

Was gefällt Ihnen hier am besten? — Also, ich bin grad fasziniert von den Uferschwalben, das ist wirklich toll. Die sind ja sehr selten und gefährdet, weil es kaum noch natürliche Flussufer gibt mit diesen sandigen Wänden.

Was machen Sie am liebsten draussen in der Natur? — Ich beobachte am liebsten die Vögel. Dann nehme ich aber meinen Hund nicht mit.

Haben Sie heute schon spezielle Vögel entdeckt? — Ich bin ja zum ersten Mal hier, aber auf dem Weg hierher habe ich Staren, Mönchsgrasmücken und Girlitze gehört und beobachtet.

Haben Sie schon andere Gebiete des Auenschutzparks besucht? — Ich war schon an der Stillen Reuss bei Rottenschwil, das war auch auf einer Vogelexkursion. Dort habe ich Kiebitze gesehen, das ist wirklich ganz toll. Und kürzlich war ich in Pfäffikon Zürich, dort hat es auch Kiebitze und Feldlerchen. Die Feldlerchen haben wir in ihrem Singflug gesehen, das war sehr schön.

Was wünschen Sie sich für die Zukunft unserer Flüsse und Auen? — Dass mehr renaturiert wird, dass es mehr Lebensräume gibt. Es ist schön, dass schon etwas gemacht wird, aber das reicht nicht.

Was steht als Nächstes auf dem Programm bei Ihnen? — Also ich komme morgen gleich nochmals hierher. Ich bin gespannt, was ich hier entdecke, es hat ja verschiedene Gebiete und Aussichtsplattformen. Dann werde ich wieder mit dem Hund unterwegs sein.

Wandertipp Rietheim–Koblenz Dorf

Ab an den grössten Fluss des Kantons! In lediglich einer Viertelstunde erreicht man von der Zugstation Rietheim das Kerngebiet der Auen am Chly Rhy. Hier führt ein etwa zwei Kilometer langer Rundweg durch das Schutzgebiet. Wer Lust auf mehr hat, wandert danach weiter dem Rhein entlang bis nach Koblenz Dorf.

START: Rietheim

ROUTE: Durch das Dorf zum Chly Rhy (auf der Karte Chli Ri), auf den Rundweg und dann auf der Route 60 Via Rhenana nach Koblenz Dorf.

KENNDATEN: Länge 7,7 km, eben, ca. 2 Std.

VARIANTE: Die Route vom Chly Rhy nach Koblenz Dorf verläuft oft in der Nähe der Kantonsstrasse. Alternativ wandert man nach dem Rundweg im Chly-Rhy-Gebiet wieder zurück nach Rietheim.

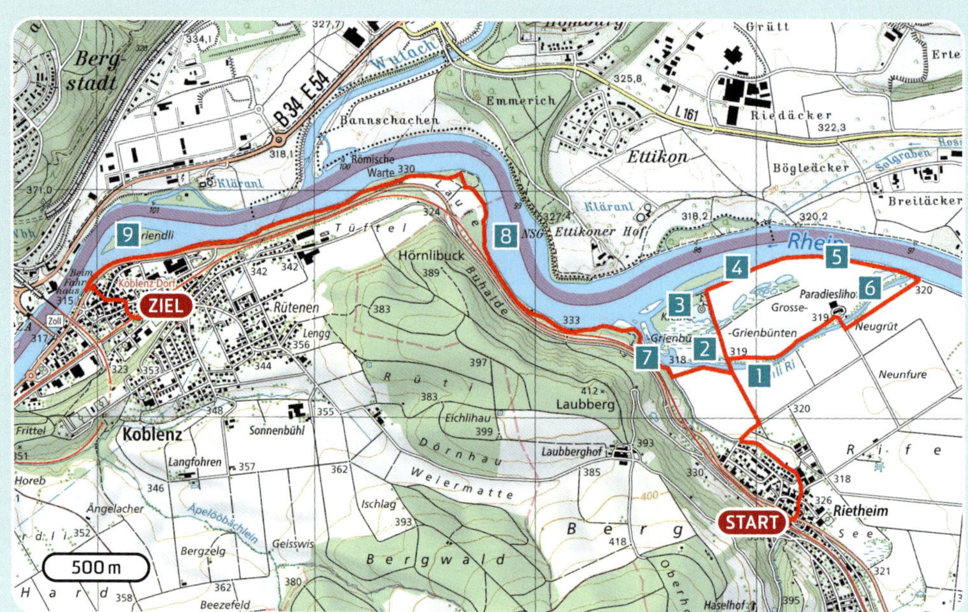

1 Neu belebter Seitenarm Chly Rhy

Die Brücke führt hier über den 2015 ausgebaggerten Chly Rhy. Flussabwärts und rechts des Seitenarms gibt es nun einen etwa 200 Meter langen Tümpel. Mit etwas Geduld und Glück hören Sie hier ein kurzes und scharfes «ziii» oder sehen ein schimmerndes Blau über das Wasser flitzen; einen Eisvogel gleich zu Beginn zu sichten wäre wie ein Schlussbouquet zu Beginn des Tages.

2 Ruderalfläche

Auf der linken Seite erstrecken sich Magerwiesen und Ruderalflächen – ein Paradies für seltene Pflanzen, Wildbienen, Schmetterlinge, Käfer und andere kleine Wesen, die es warm und trocken mögen. Hier wohnen auch Weidensandbienen. Sie nisten im Boden, krabbeln im Frühling aus ihren Löchern und ernähren sich dann von den Pollen der blühenden Weiden.

3 Grundwasserweiher

Hier wurde der grösste Weiher des Schutzgebiets angelegt. Von einem Aussichtsturm aus lässt sich das Treiben auf, am und im Wasser bestens beobachten. Vögel sitzen auf Ästen, Libellen flitzen durch das Schilf am Ufer, und aus kleineren Tümpeln am Rand quakt es im Frühling. Vom Holzsteg, der zum Turm führt, lassen sich im klaren Wasser oft viele Fische beobachten. Hier würde man am liebsten eine ganze Stunde bleiben.

5

7

4 Lebensraum Fluss

Der Wanderweg führt den grossen Rhein entlang. Am Ufer gibt es viel altes und morsches Holz – hier fühlen sich unzählige kleine Lebewesen wie Pilze, Käfer und Insektenlarven pudelwohl. Der Moschusbock beispielsweise, ein hübscher, grünbrauner Käfer mit langen Fühlern, lebt während zwei bis drei Jahren als Larve im Holz der Silberweide. Bei Niedrigwasser können auf den Kies- und Geröllflächen um die vorgelagerte Insel verschiedene Vögel beobachtet werden, mit einer Portion Glück auch der seltene Flussregenpfeifer. Gut, hat man da einen Feldstecher dabei.

5 Uferschwalben-Hotel

Auf der rechten Seite des Wegs erhebt sich ein riesiger Haufen feinen Sands. Dieses «künstliche Flussufer» wurde für die Uferschwalben gebaut. Da viele Flüsse in der Schweiz verbaute Ufer haben, finden die Vögel kaum noch sandige Böschungen, in denen sie ihre Bruthöhlen graben können. Welch eine Freude, als nach einigen Jahren Wartens die Uferschwalben im Mai 2019 das «Sandhotel» bezogen haben! Zu den «Hotelgästen» gehören auch Wildbienen.

6 Amphibien-Tümpel

Rechts des Wegs gibt es jetzt mehrere Tümpel für Amphibien. In den kleineren, die im Winter austrocknen (und die deshalb im Frühling keine Fressfeinde mehr beherbergen), legt die Gelbbauchunke ihre Eier ab. In Windeseile, also in zwei bis drei Wochen, entwickeln sie sich von Kaulquappen zu kleinen Unken, die das Gewässer bereits wieder verlassen.

7 Aussichtsplattform

Von der Aussichtsplattform auf einem alten Militärbunker hat man einen tollen Blick auf den Rhein, die renaturierte Strecke und den aufwachsenden Weichholzauenwald. Pirol, Nachtigall oder Eisvogel lassen sich von hier aus regelmässig beobachten, und der Biber schwimmt oft im Chly Rhy. Am Flussufer gibt es die einzige Feuerstelle im Gebiet, und im Rhein darf gebadet werden. Im kiesigen Ufer lassen sich Wander- und Körbchenmuscheln finden.

8 Koblenzer Laufen

Wo der Rhein über harte Kanten von Muschelkalk fliesst, finden sich die einzigen noch vollständig erhaltenen Stromschnellen unterhalb des Rheinfalls. Gleich vor den Stromschnellen gibt es eine Aussichtsplattform; eine weitere befindet sich etwas weiter stromabwärts, bei Koblenz.

Im Gebiet Laufe bestand in der zweiten Hälfte des 19. Jahrhunderts etwa 50 Jahre lang eine Gipsmühle. Vom Wanderweg aus ist der Kanal, der das Wasser zur Mühle brachte, noch immer gut sichtbar.

9 Insel Griendli

Mitten im Rhein liegt hier die etwa 250 Meter lange Insel Griendli. Auf den Kiesbänken am oberen Ende rasten oft Gänsesäger, die grössten der einheimischen Schwimm- und Tauchvögel. Etwa 600 bis 800 Paare brüten in der Schweiz; in Auen tun sie das gerne in Höhlen von alten Bäumen.

«Auch mit dem Auenschutzpark gibt es in Sachen Feuchtgebiete noch viel zu tun im Aargau»

Interview mit Matthias Betsche, Geschäftsführer Pro Natura Aargau, Grossrat

Herr Betsche, welche Bedeutung hat der Auenschutzpark für die Aargauer Natur? — Der Wasserkanton Aargau trägt eine besondere Verantwortung für seine Wasserlebensräume, die Feuchtgebiete. Auen, Moore und Feuchtwiesen sind unersetzbare Lebensräume für einheimische Tiere und Pflanzen. Der Auenschutzpark ist eine ganz grosse Errungenschaft für die Natur in unserem Kanton. Er ist schlicht eine Pioniertat. Als bisher einziger Kanton der Schweiz hat der Aargau einen weitreichenden Auftrag für den Auenschutz in der Kantonsverfassung verankert. Für die Natur ist er von grösster Bedeutung: Auen sind Hotspots der Biodiversität.

Und der Mensch, hat man den auch einbezogen in die Planung? — Absolut! Auen gehören zum Aargau. Der Auenschutzpark war von Beginn weg ein Projekt für die Natur und für den Menschen. Wenn Auen sich wieder frei entfalten, lebt die Natur auf. Fischer und erholungsuchende Menschen profitieren genauso wie die einheimischen Tiere und Pflanzen. Aargauer Auen sind für Naherholungssuchende sehr attraktiv. Die Herausforderung dabei ist, im Auenschutzpark Aargau einerseits störungsempfindlicher Natur Raum zu geben, andererseits aber auch, den Menschen mit einzubeziehen.

Welche Rolle hatte denn Pro Natura in diesem ganzen Projekt? — Pro Natura war eine der Initiantinnen des Auenschutzparks, wir waren also von Beginn weg voll dabei. Die Aargauer Bevölkerung stimmte 1993 mit 68 % der Stimmen für den Auenschutzpark. Auf dieses Projekt sind wir heute stolz. Wir haben auch beim Aufbau des Auenschutzparks tatkräftig mitgeholfen, geeignete Landflächen für Auenprojekte zu finden und Renaturierungen umzusetzen. In unseren Auen – zum Beispiel Chly Rhy in Rietheim, Machme in Klingnau, Foort bei Eggenwil, Sins in Reussegg oder Limmatspitz im Wasserschloss bei Brugg – lebt die Natur wieder auf.

Der Auenschutzpark ist ja praktisch fertig gebaut. Warum sieht man denn immer wieder schwere Maschinen im Einsatz? — Fertig gebaut? Die Verfassung spricht von *mindestens* 1 % der Kantonsfläche. Dies ist je nach Lesart erreicht. Doch sind wir doch keine Minimalisten?! Der Verfassungsauftrag sagt nicht, dass wir ab einem bestimmten Moment aufhören müssen. Im Auenschutzpark hat es noch Platz für weitere Auen und der Bedarf ist ausgewiesen. Aber richtig, auch wenn eine Aue gebaut ist, braucht es weiterhin Maschinen. Wir sind trotz allem Erreichten nicht in Alaska, wo man das Land einfach sich selbst überlassen kann. Die ursprüngliche Flussdynamik spielt heute im Aargau nur noch an wenigen Orten. Ohne menschliche Eingriffe würde ein Teil der renaturierten Auen schnell wieder verloren gehen. Deshalb ist der Unterhalt der Auengebiete eine Daueraufgabe.

Ist die Natur im Aargau jetzt gerettet und ihr habt keine Arbeit mehr? — Auch mit dem Auenschutzpark gibt es in Sachen Feuchtgebiete noch viel zu tun im Aargau. Es gibt ja noch ganz viele Gewässer ausserhalb des Auenschutzparks, die man aufwerten muss. Der Kanton Aargau hat gegen 3000 Kilometer Fliessgewässer. Ein Drittel davon ist eingedolt, verläuft also der Natur entfremdet unter dem Boden, und die Hälfte unserer Gewässer ist in einem schlechten Zustand. Auch hat der Aargau im Laufe der Zeit 90 % seiner Feuchtgebiete verloren, das sind zum Beispiel Feuchtwiesen, Moore, Riedflächen und Bruchwälder.

Was bedeutet das für die Biodiversität? — Analog zum Lebensraumschwund der Feuchtgebiete brachen die Bestände der typischen Feuchtgebietsarten ein. Purpurreiher, Rohrweihe, Wachtelkönig, Kleinrallen sowie Wiesen-Limikolen brüten zwar immer noch sporadisch in den verbliebenen Feuchtgebieten, aber – mit Ausnahme des Kiebitzes – nirgends mehr regelmässig. Auch Flussuferläufer und Flussseeschwalbe kommen im Kanton Aargau nicht mehr vor. Und natürlich sind nicht nur Vögel betroffen. Viele Libellen- und Amphibienarten überleben nur knapp in teils kritisch kleiner Individuenzahl. Im Auschachen bei Brugg befindet sich die letzte Laubfroschpopulation im Aaretal zwischen Bielersee und der Mündung in den Rhein. Die Anstrengungen gegen das Artensterben müssen intensiviert werden, bevor die Restpopulationen verschwinden!

Zum Schluss: Was wünschen Sie sich noch in Sachen Auenschutzpark? — Zuerst darf man sagen: Wir haben vieles erreicht mit dem Park. Was ich mir wünsche, ist noch mehr Bewusstsein für den Wert der Natur und für all die Leistungen der Natur für uns Menschen. Wir sind im Auenschutzpark ja «nur» Gast; viele Arten leben hier und sind für ihr Überleben auf einen intakten Lebensraum angewiesen. Dieses Bewusstsein dürfte noch gestärkt werden. Der Kanton ist enorm vielfältig und schön. Ich hoffe, dass es uns gelingt, all das für die nachfolgenden Generationen zu bewahren. Dafür setze ich mich jeden Tag ein.

SINS–RICKENBACH

Neues Auenland im südlichen Freiamt

Auch wenn das Rampenlicht gerne auf bekanntere Auengebiete zwischen Aarau, Brugg und dem Wasserschloss gerichtet ist, so hat auch das Aargauer Reusstal vieles zu bieten. Und einige Geheimtipps liegen dabei im oberen Abschnitt.

Die Reussebene ist schon von ihrer Grösse her ein Schwergewicht im Auenschutzpark, beinhaltet sie doch gut einen Drittel der Gesamtfläche. Auch konzentrieren sich im Reusstal die Feuchtlebensräume, die zu den wichtigsten Naturräumen im Aargau gehören, zusammen mit den Trockenstandorten, welche an den Jurasüdhängen ihr Hauptvorkommen haben. Beide Lebensräume sind für die Artenerhaltung und Biodiversität von grosser Bedeutung. Der Kanton hat darum im Reusstal seit den 1970er-Jahren viel für die Erhaltung und Förderung der einheimischen Tier- und Pflanzenwelt getan. Neben dem Kanton engagiert sich auch die Stiftung Reusstal (www.stiftung-reusstal.ch) stark für den Schutz der Natur.

An der aargauischen Reuss stehen meistens die Gebiete um Rottenschwil und der Flachsee im Rampenlicht. Das ist auch verständlich – hier befindet sich das am besten erhaltene Altwasser der Schweiz, und hier liegt das Vogelparadies Flachsee. Im oberen Teil der aargauischen Reussebene, zwischen Sins und Rickenbach, wartet aber auch eine ganze Reihe von Juwelen auf die Entdeckung. Dazu gehören das jüngste Renaturierungsgebiet des Auenschutzparks mit neugeschaffenen Seitenarmen, Stillgewässern und Streuwiesen und der wenig besuchte «Geheimtipp» Schoren Schachen mit seinen brütenden Kiebitzen. Der Schoren Schachen ist, zusammen mit Flächen in den Kantonen Zug und Zürich, eines der grössten zusammenhängenden Flachmoore des schweizerischen Mittellandes und die einzige Moorlandschaft des Reusstals.

Knacknuss für die Auenbauer

Für die Planer:innen des Auenschutzparks war es allerdings gar nicht so einfach, geeignete Gebiete für eine Auenrenaturierung zu finden. Zum einen verläuft die Reuss in einer flachen, breiten Ebene, aber vielerorts hinter eng stehenden Hochwasserdämmen. Zum anderen bringen Hochwasser aus der Kleinen Emme im Kanton Luzern viel Geschiebe und Schwemmholz mit, das sich als Folge des Staubereichs in der Reussebene ablagert oder festsetzt. Die Wasserspiegel werden dadurch steigen und die Dämme bald ihren Hochwasserschutz nicht mehr erfüllen können. In der Ebene sind inzwischen viele intensive Nutzflächen, Siedlungen, Strassen und die Seitenentwässerung entstanden, so dass das Rad nicht mehr einfach zurückgedreht werden kann. Und zum Dritten befinden sich auf der flussabgewandten Seite vielerorts artenreiche Riedwiesen und Flachmoore, und die wollte man auch nicht einfach zerstören.

Was also tun? Eine genaue Analyse zeigte, dass man an ausgewählten Orten den harten Uferschutz an der Reuss entfernen und so dem Vorland wieder mehr Dynamik zugestehen kOnnte. Ein erster Flussabschnitt fand sich im Bremegrien bei Aristau. Im zweiten Gebiet, dem Hagnauer Schachen zwischen Mühlau und Merenschwand, kam

Vorangehende Doppelseite: Die Reuss bei Sins mit den Innerschweizer Alpen.

Oben: Frühling im Schoren Schachen.

Unten: Neu angelegte Seitengerinne bei Reussegg.

Folgende Doppelseite: Die renaturierte Reuss bei Sins.

den Planer:innen zugute, dass hier bereits ein breites Vorland zwischen Fluss und Damm vorhanden war. Der Fluss hatte damit bereits Platz, seine Kräfte walten zu lassen und Ufer und angrenzendes Land nach eigenem Gusto zu gestalten, ohne dass dabei Nutzland gefährdet gewesen wäre. Ein dritter Abschnitt konnte in der Naturschutzzone Dorfrüti bei Merenschwand lokalisiert werden. Auch das Problem des Schwemmholzes der Kleinen Emme wurde angegangen: In Malters (LU) wurde eine Holzrückhalteanlage

Der Kiebitz

Anders als beim Weissstorch verläuft die Geschichte des Kiebitzes in der Schweiz nicht so hoffnungsvoll. Noch im 20. Jahrhundert war der Kiebitz in der Schweiz ein weit verbreiteter und häufiger Vogel in den Riedwiesen. In den letzten Jahrzehnten sind seine Bestände regelrecht eingebrochen, auch im Reusstal. Zählte man hier 1976 noch 82 Kiebitz-Brutpaare, waren es 2015 gerade noch deren acht. Die Riedwiesen wachsen durch den Nährstoffeintrag schneller auf und werden dichter, dadurch verliert der Kiebitz den Überblick auf nahende Feinde wie Füchse, Krähen oder Mittelmeermöwen. Seit 2019 wird versucht, mit Elektrozäunen oder Gittern die Bruten zum Erfolg zu führen. Der Kiebitz hat auch versucht, sich anzupassen und ist zum Teil auf Äcker ausgewichen, doch dort fällt sein Gelege oft den Traktoren zum Opfer.

Umso schöner ist das Erlebnis, einen Kiebitz zu sehen, beispielsweise innerhalb der Stillen Reuss. Im Frühling vollführt das Männchen einmalige und halsbrecherische Balzflüge. Es steigt dabei beständig in die Höhe, ruft dabei «kie-r-wie, kiewit-wit-wit» und lässt sich dann mit wilden Überschlägen in die Tiefe fallen. Den Ruf des Kiebitzes kann man sich ganz einfach merken – er klingt (fast) wie sein Name.

Oben: Biologen bei einer Bestandesaufnahme an der Reuss.

Folgende Doppelseite: Der Schoren Schachen ist eines der Highlights an diesem Abschnitt der Reuss.

gebaut, welche bei einem Hochwasser der Kleinen Emmen beim Kraftwerk Ettisbühl das Schwemmholz zurückhält.

An anderen Orten haben der Auenschutzpark und die Stiftung Reusstal Feuchtgebiete aufgewertet, die ausserhalb des Einflussbereichs des Reussabflusses lagen. Ein Paradebeispiel dafür ist der Schoren Schachen bei Mühlau, mit 23 Hektaren eines der grössten Naturschutzgebiete der aargauischen Reussebene. Hier wurde eine ehemalige Kiesgrube in ein Amphibienparadies verwandelt; früher gedüngte Wiesen werden jetzt extensiv genutzt, Dammböschungen entwickelten sich zu trockenen Magerwiesen, und an anderen Orten wurde der Oberboden abgetragen, damit sich wieder Riedwiesen und Flutmulden etablieren konnten. Die Bemühungen haben sich gelohnt – nachdem etwa der Laubfrosch 2001 völlig verschwunden war, ertönte schon 2014 wieder das laute «äpp äpp äpp äpp» von nicht weniger als 180 rufenden Männchen im Schoren Schachen.

Wir sind die Auen-Macher

Auch wenn ihr Menschen denkt, plant und lenkt – die schwerste und dreckigste Arbeit beim Renaturieren von Auengebieten wird von uns erledigt. Ein 1,7 Kilometer langer neuer Flusslauf bei Rupperswil bitte? Gerne, den heben wir aus, und das Material führen wir auch weg. Auch nach vielen tausend Portionen und Ladungen werden wir nicht müde.

Unsere zwei gefragtesten und emsigsten Mitarbeiter sind der Bagger und der Lastwagen. Wir erledigen etwa 90 % der schweren Arbeiten. Nun gibt es natürlich kleinere und grössere Bagger, und auch kleinere und grössere Lastwagen unter uns; unsere Auftraggeber beim Kanton wünschen aber meistens die grössten unter uns – so ist die Arbeit am schnellsten erledigt, und so kostet es sie am wenigsten. Unser Arbeiter *CAT 395* etwa kann bis fast in 10 Meter Tiefe greifen, 5 Kubikmeter auf einmal fassen und hat fast 40 Tonnen Brechkraft – so kann er sich auch in harten Untergrund graben. Oder unsere Volvo-Lastwagen – die schaffen es, bis zu 70 Tonnen auf einmal wegzuführen.

Das muss man schon wissen: Die Auen im Auenschutzpark sind fast alle menschengemacht – äxgüsi – von uns gemacht. Aber es ist schon so: Auch mit unseren effizientesten Playern sind grosse Projekte aufwändig. Unter dem Strich hat der Kanton drei Viertel der bisherigen Kosten des Auenschutzparks für die Projektierungs- und Bauaufträge ausgegeben.

Aber hey – ohne unsere Maschinenkraft ginge da gar nichts. Auf jeden Fall: Wir Auen-Macher sind da, wenn ihr uns wieder mal braucht.

Bagger und Lastwagen im Einsatz, oben Verbesserung der Fischdurchgängigkeit in der Aare, 2010, unten beim Chly Rhy, 2014

Wandertipp Sins–Rickenbach

Diese knapp dreistündige Wanderung führt durch die südlichsten Gebiete des Auenschutzparks. Auf der linken Seite der Reuss liegen einige weniger bekannte, aber damit nicht minder wertvolle Feuchtgebiete; manche davon entstanden erst im Jahr 2024.

START: Bahnstation Sins

ROUTE: Auf einem markierten Wanderweg auf der linken, westlichen Seite der Reuss via Mühlau zur Busstation Rickenbach AG, Zürichstrasse.

KENNDATEN: Länge 11,3 km, eben, ca. 2 3/4 Std.

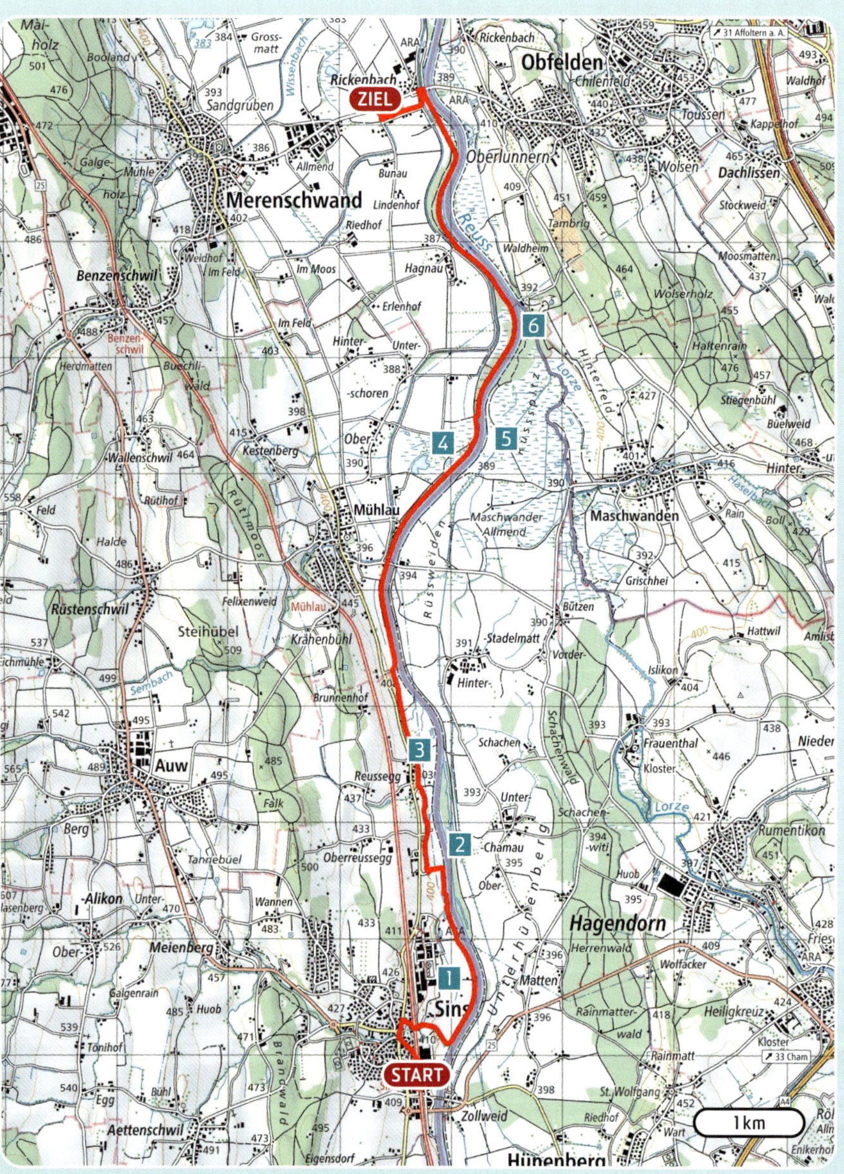

1 Überflutungsland Staadmatt

Bei der Staadmatt führt der Wanderweg der Reuss entlang und durch eine Kulturlandschaft, die bei Hochwasser überflutet werden kann – eigentlich ein Auengebiet. Wer weiss, vielleicht wird in Zukunft hier eine neue Aue geschaffen.

2 Neue Seitenarme

Der Kanton Zug hat in den Jahren 2005 und 2006 den Hochwasserschutz verstärkt, um der Reuss mehr Platz zu geben. Durch Zurückversetzung des Damms entstand ein Auengebiet mit zwei neuen Seitenarmen als ökologischer Ausgleich für die notwendigen Baumassnahmen.

3 Neue Feuchtgebiete bei der Reussegg

Weil der Hochwasserdamm der letzten Reusstalsanierung erst unterhalb dieser flachen Kulturlandfläche bei Reussegg beginnt, ergab sich hier ein grosses Revitalisierungspotenzial. Die erste Etappe im Jahr 2020 konzentrierte sich auf den nördlichen Bereich; zuerst konnten mehrere Tümpel und kleinere Bachläufe erstellt werden. Dann mussten zwei Trinkwasserfassungen durch eine neue ausserhalb des Auenbereichs ersetzt werden, sodass im Sommer 2024 die zweite Revitalisierungsetappe südlich anschliessend

1

3

4

umgesetzt werden konnte. Dabei sind neue Seitenarme der Reuss grob ausgehoben worden, deren Feinmodellierung die Hochwasser der kommenden Jahre übernehmen werden.

4 Grosses Naturschutzgebiet Schoren Schachen

Im Gebiet Schoren Schachen (auf der Karte mit Rüssschache gekennzeichnet) gab es ausgedehnte Riedwiesen, bis durch Vandalenakte im Vorfeld der Melioration in den 1980er-Jahren rund die Hälfte in artenarme Fettwiesen und Äcker umgewandelt wurden. Erst ein regierungsrätliches Veränderungsverbot setzte der Feuchtgebietszerstörung ein Ende und ebnete den Weg für ein grosses Naturschutzgebiet. Der als Folge der Kiesentnahme für die Dammbauten entstandene Weiher wurde umgestaltet und nährstoffreiche Oberböden wurden abgetragen; durch diese Ausmagerung konnte sich wieder eine artenreiche Riedvegetation entwickeln. Heute ist das Gebiet ein Refugium für Orchideen wie das Kleine Knabenkraut und die sehr seltene und gefährdete Sommer-Wendelähre. Beim Weiher gibt es einen Beobachtungsstand (hide); hier hat man auch gute Chancen, brütende Kiebitze zu sehen. Der Schoren Schachen ist ein wichtiges Refugium für Libellen; hier leben die Schwarze Heidelibelle und die Sumpf-Heidelibelle in zum Teil grossen Populationen.

5 Flachmoor Rüssspitz

Rechts der Reuss und auf dem Boden der Kantone Zug und Zürich liegen der Rüssspitz und die Maschwander Allmend, rechts der Lorze die Gebiete Rözi und Hasplen. Das ausgedehnte Flachmoor mit den weiten Riedwiesen ist erstklassiger Lebensraum für Vögel, Amphibien und zahlreiche andere Pflanzen und Tiere.

6 Natürlichere Ufer bei Hagnau

Im Obere Schache bei Hagnau wurden auf einer Länge von 400 Metern die Betonplatten am Reussufer entfernt. Das war möglich, weil der Hochwasserschutzdamm hier recht weit weg vom Fluss verläuft. Die Reuss darf hier ihre Kraft wieder ausleben und das Ufer und das angrenzende Vorland gestalten. Und das tat sie auch. Schon bald nach den Bauarbeiten kerbte sie mit einem Hochwasser neue Buchten aus. Fische finden nun in den Buchten und hinter Bäumen, die ins Wasser gefallen sind, willkommene Rückzugsorte. Und im ruhigen Wasser können sich die 1,5 bis 3 cm langen Larven der Äsche bestens entwickeln.

RICKENBACH–HERMETSCHWIL

Auenperlen in der Reussebene

Mit wegweisenden Schutzgesetzen für die Reusslandschaft haben die Aargauerinnen und Aargauer schon vor Jahrzehnten bewiesen, dass ihnen lebendige Flusslandschaften am Herzen liegen. Heute befindet sich hier das grösste zusammenhängende Gebiet des Auenschutzparks.

Wer kennt sie nicht aus Reiseprospekten oder Büchern – die Bilder aus Kanada oder Alaska, von weiten Flusstälern, in denen sich mächtige Flüsse mit vielen Armen und Schlaufen durch kilometerbreite Ebenen winden. In der Mitte grosse, kahle Schotterinseln, an den Rändern Buschwerk, das allmählich in Wald übergeht, und man erahnt ohne Mühe, wie diese Landschaft der vielen Wasser beinahe jährlich ihr Antlitz verändert. Und in vielen von uns erwacht mit diesen Bildern eine Sehnsucht nach einer solch ursprünglichen, kraftvollen Natur.

Ganz ähnlich muss das Aargauer Reusstal zwischen Dietwil und Mellingen nach der letzten Eiszeit und bis vor einigen hundert Jahren ausgesehen haben. Doch wo der Mensch siedeln möchte, haben solch grosse Flusslandschaften zwei Gesichter. Ebenes Land, reiche Fischgründe und Wasserwege für Schiffe sind die eine Seite, Überschwemmungen und zerstörte Siedlungen die andere, tragische.

Die Störche von Jonen

Was für ein Comeback! 1950 gab es in der Schweiz keine einzige Brut des Weissstorchs mehr – 2023 waren es wieder rund 900 Paare. Wie war diese Erholung möglich? Bereits 1960 brütete in der ersten Storchenansiedlungsstation in Altreu (zwischen Grenchen und Solothurn) ein erstes freifliegendes Storchenpaar. Neue Storchenstationen kamen hinzu, so auch in Jonen. 1977 wurde mit dem Aufbau einer Kolonie begonnen und wurden vier Storchenpaare angesiedelt. Sie nahmen die angebotenen Horst-Unterlagen gerne an, und so gibt es heute in der Reussebene wieder etwa 50 Brutpaare. Sie profitieren von den neu geschaffenen Feuchtgebieten im Auenschutzpark, in denen sie ausreichend Nahrung finden.

Wegen der Klimaerwärmung überwintern immer mehr Störche bei uns. An kalten und stürmischen Wintertagen nächtigen sie gern im seichten Wasser des Flachsees. Hier wurden schon mehr als 200 Tiere beim abendlichen Einflug gezählt. Die Zunahme von Trockenperioden, der Einsatz von Pflanzenschutzmitteln und das Verschwinden von Insekten macht den Weissstörchen aber zunehmend das Leben schwer.

Vorangehende Doppelseite: Mächtige Eichen bei Rottenschwil.

Oben: Altarm bei Rottenschwil.

Rechts: Eingriffeliger Weissdorn. Der Strauch ist für viele Vogel- und Schmetterlingsarten ein sehr wertvoller Futterstrauch und Lebensraum.

Folgende Doppelseite: An der Reuss bei Rickenbach. Ins Wasser ragende Raubäume schaffen Rückzugsorte für Fische.

Tatsächlich war das Reusstal hier bereits in vorgeschichtlicher Zeit besiedelt. Seit dem 15. Jahrhundert rangen die Menschen der Flussebene und der Auenlandschaft Stück für Stück Boden ab. Bereits im Jahre 1415 schafften es die damaligen Bewohner, eine grosse Reussschlaufe zwischen Ottenbach und Birri zu durchstechen, um so Auenboden zu drainieren und zu kultivieren. In der Folge gingen sie in mühsamer Handarbeit mit weiteren Mäanderdurchstichen, Dammbauten und Wehren gegen den wilden Fluss vor. Um 1860 unterzog man die Reussebene mit dem Bau eines durchgehenden Damms zwischen Mühlau und Hermetschwil einer umfassenden Melioration. Trotz des grossen Aufwands richteten in den folgenden 100 Jahren rund zehn Hochwasser bedeutende Schäden an, fünfmal brachen dabei Dämme.

Die Sibirische Schwertlilie – die Königliche

Intensiv blau gefärbt und – wie ein Hut bei den *Royals* – auch noch extravagant modelliert ist die Sibirische Schwertlilie das auffälligste Schmuckstück in vielen Riedwiesen. Und bescheiden tritt sie dabei auch nicht auf; nicht selten sieht man sie in grossen Beständen mit Dutzenden oder Hunderten von blühenden Pflanzen. Das verdankt sie auch einem oft recht grossen Rhizom, also einem Wurzelstock, aus dem eine ganze Reihe von Stängeln in die Höhe getrieben werden können. Die Sibirische Schwertlilie ist beispielsweise in den Riedwiesen der Reussebene recht häufig. Ihre Schwester ist die Gelbe Schwertlilie mit 4 bis 12 gelben Blüten. Auch sie kommt im Auenschutzpark vor.

Rechte Seite, oben:
Tümpel zwischen Damm (im Hintergrund) und Reuss.

Rechte Seite, unten:
Riedwiese bei Rottenschwil.

Folgende Doppelseite:
Stilli Rüss bei Rottenschwil. Sie ist für viele der schönste Flussaltlauf der Schweiz.

Unter dem Druck der zunehmenden Landnutzung wurde ab 1970 die jüngste Reusstalsanierung realisiert. Die Dämme wurden infolge des Baus des neuen Kraftwerks in Bremgarten erhöht und die Ebene wurde durch ein neues Kanalsystem entwässert. Gleichzeitig wurden rund 300 Hektaren Riedwiesen den Naturschutzzonen zugeteilt und wurde – eigentlich als erstes künstliches Auengebiet – der Flachsee Unterlunkhofen erschaffen.

Die Aargauerinnen und Aargauer sind mit der Schaffung des heutigen Auenschutzparks auf ihre Art Pioniere in der Schweiz. Und schon in den 1960er-Jahren waren sie das, und zeigten dies durch die Annahme von zwei weitsichtigen Schutzgesetzen. Bereits 1965 stimmten sie dem «Gesetz über die freie Reuss» zu und bewahrten den Fluss vor dem Bau von unglaublichen 14 Staustufen unterhalb von Bremgarten. Und nur vier Jahre später nahmen sie das «Reusstalgesetz» an und schufen damit das erste grosse Natur- und Landschaftsschutzprojekt im Kanton. Dank dieser Weitsicht ist heute die Reussebene zwischen Dietwil und Bremgarten das grösste Teilgebiet des Auenschutzparks. Zwar ist die Weite und Dynamik der ehemaligen Flusslandschaft verloren gegangen. Trotzdem reihen sich zwischen Ottenbach und dem Flachsee Unterlunkhofen Auenperlen an Auenperlen – Riedwiesen, Seitengerinne, Altarme, Tümpellandschaften und gar ein neuer See.

So müssen unsere Auenbewohner nicht nach Kanada oder Alaska reisen, um Nahrung zu finden und ihre Jungen aufzuziehen, sondern haben alles in der Nähe, in der aargauischen Reussebene.

Links: Stilli Rüssmatte bei Rottenschwil.

Wandertipp Rickenbach–Hermetschwil

Auf dieser knapp dreistündigen Wanderung lassen sich alle Auen-Highlights dieses Reussabschnittes erkunden. Sie bietet auch schöne Einblicke auf Streuwiesen mit den typischen, im Frühling blau blühenden Sibirischen Schwertlilien.

START: Bushaltestelle Rickenbach AG, Zürichstrasse

ROUTE: An die Reuss und auf deren linken Seite, meistens auf der Route 42, via Rottenschwil zur Busstation Hermetschwil, Kloster.

KENNDATEN: Länge 11,4 km, eben, ca. 2 3/4 Std.

VARIANTEN: **1 Stilli Rüss und Giriz:** Bei Rottenschwil lässt sich eine Schlaufe zur Stilli Rüss und allenfalls ins Gebiet Giriz anhängen.
2 Flachsee: Ein alternativer Weg führt von der Rottenschwiler Brücke der rechten Seite des Flachsees entlang. Der Blick auf den See ist oft durch Uferwald verdeckt, dafür gibt es hier ein tolles Beobachtungshäuschen am Seeufer. Weiter nach Bremgarten an den Bahnhof der Bremgarten-Dietikon-Bahn.

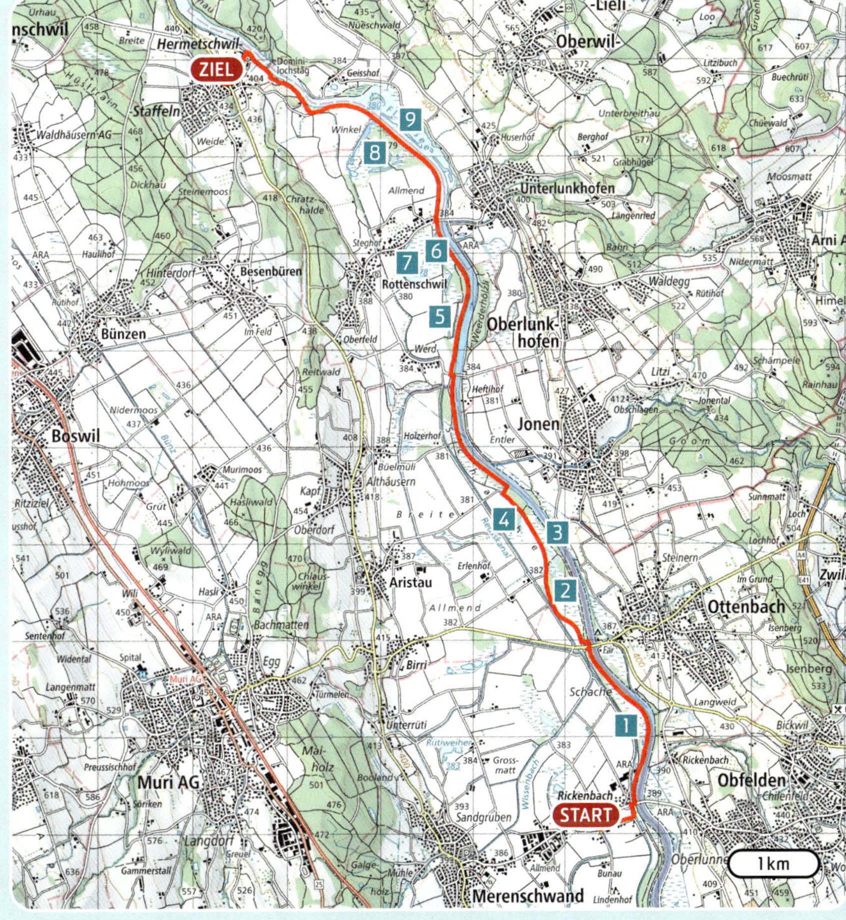

1 Reussarm bei Neuland

Das Gebiet Neuland zwischen der Reuss und dem etwas zurückversetzten Hochwasserdamm wird periodisch überflutet und ist somit typisches Auenland. Am Südende wurde 2006 ein neues Gewässer ausgehoben, das einen abgeschnittenen Flussarm nachahmen soll. Mit unterschiedlich gestalteten Bereichen ist es für Amphibien und auch den Eisvogel attraktiv.

2 Natürlicheres Ufer bei Bremegrien

Im Bremegrien wurde auf einer Länge von 700 Metern die harte Uferverbauung entfernt. Mit dem abgetragenen Material wurden zwei kleine Inseln gebaut. Jetzt kann das Reusswasser mit seinen eigenen Kräften das Ufer gestalten und kleinere oder grössere Buchten bilden. Das sind wertvolle Rückzugs- und Ausruhorte für Fische in der sonst schnell fliessenden Reuss.

3 Flutmulden Oberschache

Naturschutz und Landwirtschaft Hand in Hand! Im Oberschache bei Aristau wurde ein Maisacker in ein Auenjuwel verwandelt. Dazu wurde der nährstoffreiche Oberboden abgetragen und eine Tümpellandschaft angelegt. Die Feuchtstellen sind eigentliche Flutmulden, welche im Schwankungsbereich des Grundwassers liegen. Sie trocknen manchmal aus, und bei hohem Reusswasserstand sind sie wieder gefüllt. Das gefällt beispielsweise der seltenen Kreuzkröte, die sich für ihren Laich die geeignete Wassertiefe und -temperatur aussuchen kann.

Auch die Landwirtschaft hat profitiert: Mit dem abgeschürften Erdmaterial wurde ganz in der Nähe eine Parzelle aufgefüllt, die immer wieder überflutet wurde und nun aufgewertet und hochwassersicher ist.

4 Storchenkolonie Unterer Schachen

Im Wald des Unteren Schachen brüten seit einigen Jahren Weissstörche. Auf abgeknickten Tannen und in Astgabeln grosser Laubbäume haben sie ihre mächtigen Horste gebaut. Vom Wanderweg auf dem erhöhten Damm hat man einen fantastischen Einblick in die Kinderstube von Adebar.

5 Befreiter Seitenarm im Giriz

Lang war der südliche Abschnitt der Kleinen Reuss, die parallel zum Hauptfluss durch das Gebiet Giriz fliesst, in eine Röhre verbannt – jetzt fliesst sie wieder frei unter dem Himmel. Zusätzlich wurden entlang ihres Laufes fünf Weiher angelegt; einer lebt nur vom Regenwasser, die vier anderen werden vom Grundwasser gespeist. Im Winter rasten Limikolen und Enten hier. Im Giriz ist auch der Kleine Rohrkolben wieder angesiedelt worden, eine sehr seltene Sumpfpflanze.

6 Beobachtungshügel bei Studweid

Das Gebiet Studweid war bis 2008 Kulturland. Dann wurden der Oberboden abgeschürft, ein Weiher angelegt und daneben ein Steg und ein Beobachtungshügel. Ein idealer Ort, um sich niederzulassen und mit dem Feldstecher Kiebitze oder Störche zu suchen.

7 Das schönste Altwasser Stilli Rüss

Der von der Reuss abgetrennte Flussarm Stilli Rüss gilt als der am besten erhaltene Flussaltarm der Schweiz. Er ist nicht mit der Reuss verbunden – er wird nur durch Grund- und Regenwasser gespeist. Hier sind Grasfrösche, Wasserfrösche, Erdkröten und Kammmolche zuhause und natürlich zahlreiche Vogelarten, etwa der Teichrohrsänger, die Zwergdommel und die Rohrammer.

Auch die Fläche innerhalb der hufeisenförmigen Wasserfläche wurde zu einer Sumpflandschaft umgestaltet. Jetzt gibt es hier eine Anzahl von Flachgewässern, die sich schnell erwärmen, und dazwischen kurzgrasige Riedwiesen. Damit dieses Sumpfgebiet nicht verbuscht und den Pioniercharakter beibehält, wird als Pflegemassnahme regelmässig mit einer Baumaschine herumgewühlt. Den Kiebitzen gefällt's auch und sie brüten hier wieder.

8 Vielfältiges Feuchtgebiet Rottenschwiler Moos

Hier liegt das etwa 30 Hektaren grosse Rottenschwiler Moos mit einem Mosaik aus Riedwiesen, Magerwiesen, Altläufen, verschiedenen Waldflächen und Tümpeln. Etwa ein Drittel ist heute ein Totalreservat, in dem auf jede forstliche Nutzung verzichtet wird. Das war nicht immer so. Vor 30 Jahren mussten zuerst die ausgedehnten Fichtenwälder in standortgerechte Laubholzbestände umgewandelt werden. Auch zwei grosse Ackerflächen konnten stillgelegt und in artenreiche Streuwiesen und Sumpfflächen überführt werden. Dank der Unzugänglichkeit ist dieses Gebiet weitgehend von Störungen verschont. Vom Dammweg am Flachsee aus erhält man einen schönen Einblick.

9 Vogelparadies Flachsee

Der Flachsee Unterlunkhofen ist unter Vogelliebhaber:innen neben dem Klingnauer Stausee das beliebteste Ausflugsziel im Aargau. Der See ist erst 1975 durch die Aufstauung der Reuss durch das Kraftwerk bei Bremgarten-Zufikon entstanden. Der Flachsee ist in den vergangenen Jahrzehnten durch Feinsedimente stark verlandet, sodass sich der Schilfgürtel entlang der Inseln stark ausbreiten konnte. Dennoch ist er ein begehrter Lebensraum für Vögel; anfänglich war er für Tauchenten interessant, heute sind vermehrt Gründelenten anzutreffen. Im Frühling und Herbst lassen sich hier Bekassinen und Grünschenkel auf den Schlickbänken beobachten, und viele Gäste aus dem hohen Norden verbringen hier den Winter. Auf den künstlich angelegten Kiesinseln brüten der Flussregenpfeifer, der Kiebitz und die Mittelmeermöwe. Damit die Inseln attraktiv bleiben, müssen sie regelmässig gejätet und die Schilfflächen von Wasserbüffeln entbuscht werden.

2

3

9

«Ich bin manchmal am Morgen um fünf hier, wenn man noch Rehe, Hasen und Füchse sieht.»

Markus Weder, angetroffen an der Reuss bei Rottenschwil

Warum sind Sie heute hierhergekommen? — Der Grund ist einfach – ich wohne in Muri und das Reusstal liegt praktisch vor meiner Haustüre. So bin ich nicht selten an der Reuss unterwegs und lasse mich überraschen, was es in der Tierwelt neu zu entdecken gibt. Nie kehre ich nach Hause zurück, ohne etwas Spannendes gesehen zu haben.

Kennen Sie auch andere Gebiete im Auenschutzpark? — Ja, zum Beispiel das Naturschutzgebiet im Schoren-Schachen oder die neu geschaffenen Weiher zwischen Mühlau und Reussegg. Es macht Freude zu sehen, was alles im Reusstal entsteht. Echt genial!

Warum ist das genial? — Ich denke, dies ist genau das, was unsere Natur dringend braucht. Leider gibt es Kreise, sei es in der Landwirtschaft oder Politik, denen eine gesunde Biodiversität egal ist. Wie bedenklich die Lage aktuell ist, sieht man unter anderem am gewaltigen Rückgang der Insektenpopulation, denken Sie nur an die Schmetterlinge. Umso schöner ist es mitverfolgen zu dürfen, wenn solche Projekte realisiert werden.

Der Aargau ist ja da der Pionier-Kanton. — Ich denke auch, da können wir in der Tat ein bisschen stolz drauf sein. Und dass diese Anstrengungen, unsere Natur zu schützen, in anderen Kantonen nun auch immer mehr Schule machen, ist fantastisch. Die vielen Projekte zeigen: Es braucht eine Umkehr.

Was finden Sie hier zwischen Rickenbach und dem Flachsee besonders schön? — Mir gefällt die Unberührtheit, die Ruhe, die man hier geniessen kann. Manchmal bin ich am Morgen um fünf Uhr hier, da kann man Rehe, Hasen, Füchse sehen – und mit etwas Glück einen Libellenschlupf. Stille pur, fern von jeglichem Alltagslärm, vollkommen eins mit der Natur.

Sie haben eine grosse Kamera – was fotografieren Sie? — Meine Lieblingsmotive sind Insekten, insbesondere Schmetterlinge und Libellen, ferner Reptilien und Vögel. Mit den Pflanzen kenne ich mich weniger aus, diese geniesse ich ihrer Schönheit wegen, ich staune einfach – auch wenn im Frühling alles neu austreibt. Im Herbst und Winter fotografiere ich gerne Pilze. Jede Jahreszeit hat ihre Faszination.

Wovon wünschen Sie sich mehr für die Aargauer Natur? — Weiter so mit Renaturierungsprojekten! Das stimmt mich zuversichtlich für die Zukunft. Zwei kleine Wermutstropfen in unserem Gebiet des Reusstals: Wenn im Auenschutzpark Hecken gestutzt werden, in denen der Neuntöter und andere Vögel ihr Revier hatten, ist dies für mich unverständlich. Auch wenn Brennnesseln entfernt werden sollen, kann ich dies nicht nachvollziehen, sind doch diese Pflanzen Nahrungsgrundlage für ungezählte Schmetterlingsarten.

Haben Sie einen besonderen Tipp für die Leser:innen? — Der Flachsee ist ein Naturparadies der ganz besonderen Art, die Stille Reuss ist ein Ort der Ruhe, und auf dem Weg von hier Richtung Werd findet man einen kleinen Weiher. Dort konnte ich letztes Jahr mehrmals Ringelnattern beobachten.

Vorhergehende Doppelseite:
Das Gebiet Giriz bei Rottenschwil.

Schmetterlinge – die Leichtigkeit des Seins

Schmetterlinge verzaubern und berühren uns – mit ihren raffinierten Farbmustern auf den grossen, filigranen Flügeln, mit ihrem leichten, gaukelnden Flug, der wirkt, als wären sie jedem Lüftchen hilflos ausgeliefert, und mit ihrer unglaublichen Verwandlung, bei der aus einer gefrässigen und unförmigen Raupe ein wunderschöner Schmetterling wird. Schmetterlinge stehen in unseren Herzen nicht nur für Leichtigkeit und Eleganz, sie stehen auch für Sommer, Sonne und bunte Blumenwiesen. Kein Wunder, haben die luftig-leichten Wesen zu einer Vielzahl von Gedichten inspiriert.

Die Vielfalt der Nachtfalter

Zu den Schmetterlingen gehören nicht nur die bekannten und bunten Tagfalter, sondern auch die oft unscheinbaren Nachtfalter – und von diesen gibt es gar viel mehr Arten. In den Jahren 2021 und 2022 hat eine Gruppe von Forschern in vier Gebieten um den Klingnauer Stausee die Nachtfalter untersucht. Dazu haben sie an 15 Abenden und bis in die Nacht hinein Nachtfalter mit Netzen gefangen, bestimmt und wieder freigelassen. Dabei konnten sie nicht weniger als 311 Arten identifizieren. Die meisten, nämlich 262 Arten, wurden im Gebiet Gippinger Grien gefunden, darunter auch einige seltene Arten. Die Mehrzahl der Nachtfalter-Arten ist mit ihrem braunen oder grauen Kleid vergleichsweise unauffällig. Es gibt aber auch auffälligere und hübsche Nachtfalter-Arten, beispielsweise die Röhricht-Goldeule – auch sie wurde im Gippinger Grien gefunden.

Röhricht-Goldeule

MERKMALE: Vorderflügel rötlich-braun, in der Mitte zwei helle, tropfenförmige Flecken, an der Flügelspitze weitere, etwas verwischte Flecken. Körper pelzig behaart, am Kopf ein Haarbüschel. Spannweite 34 bis 44 mm.

INTERESSANT: Die Röhricht-Goldeule lebt in Feuchtgebieten, Auwäldern und Riedgeländen. Die Raupen ernähren sich von Gräsern und anderen Pflanzen der Feuchtgebiete. Die Art ist in der Schweiz selten, aber gilt nicht als gefährdet.

Die Schmetterlinge sind nach den Käfern die artenreichste Ordnung innerhalb der Welt der Insekten. Global gibt es etwa 160 000 Arten. In der Schweiz sind es etwa 3700 Arten; etwa 93 % davon sind Nachtfalter, die anderen rund 7 % beziehungsweise etwas über 230 Arten fallen auf die meist bunteren Tagfalter. Der Begriff «Nachtfalter» bezeichnet übrigens keine Gruppe in der biologischen Systematik, sondern wurde einfach aus praktischen Gründen gewählt – weil diese Schmetterlinge vor allem in der Nacht aktiv sind.

Der Kleine Schillerfalter und seine Schwarz-Pappel

Die in der Schweiz einheimische Gewöhnliche Schwarz-Pappel hat eine breite Krone. Sie kommt natürlicherweise in Auenwäldern vor und ist hier gar eine Indikator-Art für intakte Lebensräume. Sie kommt mit den Bedingungen hier gut zurecht: Sie übersteht Überschwemmungen, und auch angeschwemmter Sand oder Kies können ihr nichts anhaben. Da in der Schweiz die meisten Auenlandschaften verloren gegangen sind, ist auch die Schwarz-Pappel selten geworden; sie steht heute auf der Roten Liste und gilt als gefährdet. An einigen Orten im Tiefland gibt es viele Hybride mit der Kanadischen Pappel. Bekannt ist auch die säulenförmige Schwarz-Pappel – vor allem als Allee-Baum entlang von Strassen und in Parks.

Pappeln sind für viele Grossschmetterlinge wertvoll; nicht weniger als 87 Arten sind an ihnen schon gefunden worden. Zu diesen gehört auch der Kleine Schillerfalter. Lange dachte man, dass die Raupen dieses Schmetterlings die Blätter der Hybrid-Pappeln nicht fressen können; neue Studien haben aber gezeigt, dass sie dies durchaus vermögen. Der Auenschutzpark hat in den 1990er-Jahren einheimische Schwarz-Pappeln in einer Forstbaumschule in Muri aufgezogen und später Tausende von jungen Pappeln in geeigneten Gebieten gepflanzt.

Warum heissen Schmetterlinge so?

Im deutschsprachigen Raum nannte man die Tagfalter noch lange «Tagvögel», in Abgrenzung zu den «Nachtvögeln», den Nachtfaltern. Der Begriff Schmetterling, der sich dann in der zweiten Hälfte des 18. Jahrhunderts durchsetzte, stammt vom ostmitteldeutschen «schmetten», was so viel wie «Schmand» oder «Rahm» bedeutet. Einige Arten beobachtete man offenbar gerne an Rahmtöpfen. Im Altgriechischen nannte man die Schmetterlinge «ψυχή», ausgesprochen «psyche»; das stand für Hauch, Atem oder Seele. Schmetterlinge wurden als eine Verkörperung der menschlichen Seele angesehen.

Kleiner Schillerfalter

MERKMALE: Flügeloberseite schwarz, vor allem beim Männchen mit einem blauen Schiller. Hinterflügel mit einer weissen Fleckenbinde, beide Flügel mit einem rot umringten Augenfleck, hinten deutlicher. Spannweite 55 bis 60 mm.

INTERESSANT: Die Raupen ernähren sich vor allem von Zitter- und Schwarz-Pappeln. Es gibt auch rotschillernde Schmetterlinge. Der Kleine Schillerfalter überwintert als Jungraupe.

Grosser Fuchs

MERKMALE: Flügel oben orange mit schwarzen Flecken, am äusseren Rand kleine blaue Halbmonde in Schwarz. Ein schwarzer Fleck am Vorderrand der Hinterflügel. Spannweite 50 bis 55 mm.

INTERESSANT: Die Raupen ernähren sich von den Blättern von Bäumen, die Falter im Frühling von Blüten an Bäumen, im Sommer dann gerne von Baumsäften oder faulendem Obst. Der Falter überwintert einmal.

Trauermantel

MERKMALE: Auffallend gross, Flügeloberseite dunkelbraun mit gelblichem oder weissem Rand. Spannweite 55 bis 75 mm.

INTERESSANT: Die Eier werden in grosser Zahl an Zweigspitzen abgelegt. Die Falter schlüpfen etwa Ende Juli. Sie ernähren sich gerne von austretenden Säften an Birken, nach der Überwinterung im Frühling sieht man sie dann oft an früh blühenden Weiden.

Landkärtchen

MERKMALE: Es gibt zwei unterschiedliche Generationen. Tiere, die im Frühling schlüpfen, sind oberseits gelbrot mit schwarzen Flecken; die Sommergeneration ist schwarz mit weissen Flecken. Flügelunterseite bei beiden mosaik- oder landkartenartig mit Braun- und Beigetönen. Spannweite 28 bis 40 mm.

INTERESSANT: Die grünen Eier kleben als «Türmchen» an der Unterseite von Brennnesselblättern. Aus der Puppe schlüpft nach der Überwinterung je nach Temperatur und Tageslänge die Frühlings- oder die Sommergeneration.

Kleiner Eisvogel

MERKMALE: Flügeloberseite schwarzbraun mit weisser Binde, Unterseite rot-orange mit grosser weisser Binde und schwarzen Punkten. Spannweite 45 bis 52 mm.

INTERESSANT: Die Eier werden meist einzeln an der Roten Heckenkirsche abgelegt. Die Raupe schlüpft im August und überwintert dann in einem selbst gebauten «Blatt-Schlafsack». Im darauffolgenden Frühling wächst die Raupe weiter und verwandelt sich etwa Anfang Juni über eine Puppe in den erwachsenen Schmetterling.

Faulbaum-Bläuling

MERKMALE: Flügeloberseite hellblau, mit schwärzlicher Randbinde (beim Weibchen breiter). Flügelunterseite bläulich-weiss mit schwarzen Punkten. Spannweite 23 bis 30 mm.

INTERESSANT: Die Raupe des Faulbaum-Bläulings ist nicht wählerisch und kann sich von über 20 verschiedenen Pflanzenarten ernähren und sich auf ihnen entwickeln. Im Herbst verwandelt sich die Raupe in eine Puppe, die dann den Winter überdauert.

BREMGARTEN–SULZ/KÜNTEN

Seitenarme, Altwasser und Auenwälder

Gleich zweimal kann die Reuss unterhalb von Bremgarten glänzen: Zum einen findet man hier den letzten, weitgehend frei fliessenden Fluss des Mittellandes. Zum anderen trifft man eine weite Flussschlaufen-Landschaft mit gleich mehreren renaturierten und auch neu geschaffenen Seitenarmen an.

Sie ist die kleinste unserer Schwalben, und auch die seltenste, die bei uns in der Schweiz brütet: die Uferschwalbe. Während ihre besser bekannten Cousinen, die Rauch- und die Mehlschwalben, gerne unter Hausdächern oder in Scheunen brüten, sind die Uferschwalben etwas anspruchsvoller: Sie graben ihre Brutröhren in sandige Steilufer von Flüssen. Leider sind solche Ufer in der Schweiz aber fast ausnahmslos den Verbauungen der Flüsse zum Opfer gefallen.

Trotzdem hat die Uferschwalbe in der Schweiz – und auch im Kanton Aargau – überlebt. Dank der Eiszeit, könnte man etwas überspitzt sagen. Denn die mächtigen Alpengletscher, die bis in den Aargau vorstiessen, haben hier gigantische Kies- und Sandmengen abgelagert. Und in diesen hat der Mensch zahlreiche Gruben angelegt, um Baumaterialien zu gewinnen. In einigen dieser Kiesgruben haben die Uferschwalben eine neue Möglichkeit gefunden, Höhlen zu graben und ihre Jungen aufzuziehen.

Die Uferschwalbe – Gast in Kiesgruben

Trotz ihres federleichten Gewichts von etwa 12 bis 18 Gramm schafft es die Uferschwalbe, im Frühling von Nordwest- oder Zentralafrika tausende Kilometer bis zu uns zu fliegen. Hier angekommen, müssen sie als Erstes wieder zu Kräften kommen und verspeisen zahllose Mücken. Später suchen sie ihre vorjährigen Nistplätze auf und graben neue Bruthöhlen in sandige Wände. In einigen Kiesgruben im Aargau engagieren sich die Betreiber:innen aktiv für die Vögel und präparieren die bestehenden Grubenwände sorgfältig für die kleinen Gäste oder schütten grosse Sandhaufen auf, in denen die Schwalben in Kolonien brüten können, wie beispielsweise in Stetten oder Nesselnbach.

Vorangehende Doppelseite:
Umgestürzter Baum an der Reuss bei Eggenwil.

Rechte Seite, oben:
Renaturiertes Seitengerinne und Reuss bei Eggenwil.

Rechte Seite, unten:
Seitengrinne im Gebiet Foort.

Folgende Doppelseite:
Ein Platz zum Verweilen: der See in der Reussschlaufe bei Hegnau.

Oben: Moschusbock. Mit seinem Sekret wurde früher Pfeifentabak parfümiert.

Links: Wasserbüffel im Pflegeeinsatz bei Sulz.

Die zwei Gesichter der Reuss

Die Geologie erklärt auch, warum die Reuss unterhalb von Bremgarten zwei unterschiedliche Fliessformen angenommen hat. In der ersten Hälfte, bis etwa Mellingen, bahnte sich der Fluss seinen Weg durch ein Mosaik aus Moränen, Terrassen und Schotterebenen. So konnten sich mancherorts, etwa bei Bremgarten selbst und bei Fischbach-Göslikon, weite Flussschlaufen (Mäander) bilden. In Künten und in Fischbach-Göslikon werden zwei solcher Mäander vom Hauptlauf der Reuss nicht mehr durchflossen – dadurch haben sich sogenannte Altarme gebildet. Auf der Karte sind bei Eggenwil auch deutlich zwei Seitenarme sichtbar; diese wurden durch den Auenschutzpark künstlich ausgehoben. Solche Seiten- und Altarme sind in flachen, breiten Flusstälern für frei fliessende Flüsse charakteristisch.

Im unteren Abschnitt, nach Mellingen, hat sich die Reuss eine enge Kerbe in die weite Ebene gefressen. Der Fluss ist hier oft zu beiden Seiten von Steilhängen begrenzt und mit grossen Findlingen übersät. So konnten sich kaum Überschwemmungsflächen bilden, und Auengebiete sind damit selten und nur kleinräumig. Dafür sind die Wälder an diesen Steilhängen vielerorts noch immer recht naturnah und verfügen über viel Alt- und Totholz. Einige Abschnitte sind als Naturschutzgebiete oder Waldreservate geschützt.

Kleiner See an der Alten Reuss bei Sulz.

Im oberen Abschnitt, also zwischen Bremgarten und Fischbach-Göslikon, war der Auenschutzpark besonders aktiv und hat viele Projekte umgesetzt. Auf einer zweistündigen Wanderung kommen Sie an renaturierten Altarmen und neuen Seitenarmen vorbei, Sie können an kleinen und grossen Tümpeln Libellen und Amphibien beobachten oder sich an Riedwiesen und Flachmooren über bunte Blumen und vielfältige Insekten freuen. Es ist fast ein ganzer «Auenschutzpark im Miniformat».

Diese Vielfalt an Auenlebensräumen freut auch die Vögel; im Jahr 2019 konnten von Ornitholog:innen nicht weniger als 39 Brutvogelarten gezählt werden. Darunter finden sich auch vier Arten, die besonders typisch für Auen sind: der Kuckuck, der Eisvogel, der Pirol und der Teichrohrsänger. Daneben fanden sich auch Zwergdommeln, Rohrschwirle, Sumpfrohrsänger und Rohrammern.

Die Gelbbauchunke – die Pokerspielerin

Die Gelbbauchunke ist mit ihrer gräulichen Färbung von oben gesehen sehr unscheinbar. Nicht so ihr Bauch – dieser ist auffällig gelb und schwarz gemustert. Und in ihrer Fortpflanzungsstrategie ist die Gelbbauchunke gar eine richtige Pokerspielerin. Das Weibchen legt nämlich ihre Eier in kleine Gewässer, die irgendwann austrocknen, also kleine, flache Tümpel oder auch regenwassergefüllte Traktorspuren. Der Vorteil: Weil diese Gewässer später im Jahr austrocknen, können hier Fressfeinde der Eier und Kaulquappen nicht überleben. Das Risiko: Wenn der Frühling und auch der Sommer sehr trocken sind, kann das Gewässer zu früh austrocknen, sodass die Kaulquappen oder Jungunken nicht überleben. In der Schweiz ist die Gelbbauchunke wegen des Verlustes von Lebensräumen (Feuchtgebiete, unverbaute Flüsse, Kleingewässer im Kulturland, Brachland) gefährdet, in manchen Regionen sogar stark gefährdet. Mehr Auen wünscht sich die hübsche Unke; sie wäre aber auch schon mit Feuchtstellen im Kulturland glücklich.

Rechte Seite, oben:
Pause am See Hegnau.

Rechte Seite, unten:
Die Brücke auf den Sporn Eggenwil.

Folgende Doppelseite:
Die Reuss bei Eggenwil

«Ich gehe wie ein Kind neugierig los und will schauen, was es da alles zu entdecken gibt»

Jasmin Schmid, angetroffen an der Reuss bei Eggenwil

Wie sind Sie auf das Gebiet hier gekommen für Ihre Wanderung? — Ich war schon in Bremgarten und liebe solche mittelalterlichen Städtchen, und zudem hat meine Tante diese Wanderung schon gemacht und davon geschwärmt. Und bisher war es einfach unglaublich schön. Ich liebe diese kleinen, verschlungenen Pfade, die Vögel pfeifen intensiv, und ich war überrascht von den vielen Sandstränden, den Baumstämmen, die ins Wasser ragen, und es ist einfach extrem ruhig hier.

Was bedeuten Ihnen diese Ruhe und die Natur hier? — Das Wort, das mir gekommen ist, ist Friede. Ich fühle mich ganz friedlich hier, eine glückliche Zufriedenheit. Und das nährt mich, ich arbeite ja in einem kreativen Beruf. Ich widme solche Wanderungen auch immer dem inneren kleinen Kind; ich bin dann mit der Energie dieses kleinen Kindes unterwegs. Statt wie Erwachsene zu denken – halt, auf diese Halbinsel gehe ich nicht, da muss ich wieder zurücklaufen – gehe ich wie ein Kind neugierig los und will schauen, was es da alles gibt.

Welche Erlebnisse hat Ihnen dieses innere Kind heute schon ermöglicht? — Weiter vorne habe ich einen wunderschönen Baumstamm gefunden, der war bemoost und ragte ins Wasser. Auf dem Stamm ging ich balancieren. Oder ein Vogel vorhin, dessen Stimme ich noch nie bewusst gehört habe, das ist sehr, sehr nährend und ich fühle mich so richtig lebendig.

Wie sind Sie darauf gekommen, neugierig wie ein Kind unterwegs zu sein? — Vor gut zwei Jahren habe ich mein eigenes Geschäft gestartet und das war zwar bereichernd, hat aber auch Energie gekostet. Ich habe bemerkt, dass ich etwas brauche, das mich wieder richtig auffüllt.

Am glücklichsten war ich in Australien, da habe ich fünf Jahre lang gelebt. Es war eine Zeit voller Abenteuer, Ausflüge und Entdeckungen. Manchmal vergisst man, das in seinem eigenen Land zu tun, und da hab ich mir gesagt, ich will die Schönheit der Schweiz selbst mehr entdecken und erkunden.

Was in der Natur wirkt denn für Sie letztlich so nährend und auch glücklich machend? — Ich liebe das frische, satte Grün hier, das ist Lebendigkeit, aber auch die Blumen und Bäume, die jetzt blühen, das Wasser wirkt beruhigend und auch die Vöglein, die so schön pfeifen. Ich fühle mich frei, zentriert und gleichzeitig lebendig. Ich wohne in der Stadt, und das alles gibt mir sehr viel.

Welche Tiere bedeuten Ihnen besonders viel? — Oh, so viele, zum Beispiel Rehe, Füchse, Hunde, Eidechsen, Blaumeisen, Eisvögel oder ein kreisender Milan. Und Schmetterlinge, die liebte ich schon als Kind und rannte ihnen begeistert hinterher. Heute noch erlebe ich dieselbe kindliche Freude und Begeisterung, wenn ich einen Schmetterling sehe.

Wovon wünschen Sie sich mehr in Sachen Natur in der Schweiz oder dort, wo Sie wohnen? — Ich wünsche mir mehr wilde Wälder und wilde Wege. Und dass mehr Schule in der Natur stattfindet, gerade für Stadtkinder. Ich bin selbst neben einem Naturschutzgebiet aufgewachsen und meine Eltern haben mit uns oft Ausflüge in die Natur gemacht, oder ich bin einfach in die Blumenwiese gelegen und habe in den Himmel gestarrt. Heute begegne ich in meinem Nebenberuf Kindern, die noch nie im Wald waren, das ist schockierend und traurig.

Was macht das mit Kindern, wenn sie kaum jemals Naturkontakt haben? — Einige Kinder haben tatsächlich Angst, z. B. vor dem Wald, oder sind verunsichert. Manche Kinder entwickeln kaum eine Beziehung zur Natur und somit auch nicht zum Thema Naturschutz. Aber es ist auch physisch und psychologisch ganz wichtig, dass sie auf unebenem Grund unterwegs sind, klettern und balancieren, sich so motorisch entwickeln können und Selbstbewusstsein aufbauen.

Haben Sie einen Tipp, wie man lernen kann, so naturverbunden unterwegs zu sein? — Langsam anfangen und sich Zeit nehmen. Diese Wanderung hier ist ja nicht so anstrengend, das macht es einfacher. Und man kann die Wanderung mit etwas kombinieren, das einen sowieso schon begeistert, wie etwa bei mir ein mittelalterliches «Städtli», und kommt auf diese Weise mehr in die Natur. Man könnte sich auch jemandem anschliessen, der naturbegeistert ist, und lässt sich davon anstecken. Oder man versucht bewusst, mit der Neugier des inneren Kindes, die ja jeder mal spürte, unterwegs zu sein. Also nicht als Erwachsener, der alles logisch analysiert, sondern als neugieriges Kind, das hier etwas entdeckt, da hat eine schöne Blume sieht und sich fragt, wo der Weg wohl hinführt.

Wandertipp Bremgarten – Sulz – Eggenwil

In nur zweieinhalb Stunden reiht sich hier Highlight an Highlight – darum darf man für diese Wanderung durchaus einen halben oder ganzen Tag veranschlagen, um alle Altarme, die neuen Seitenarme, die Flachmoore, Seen und Tümpel in Ruhe zu erkunden.

WICHTIG: Diese Route ist nur möglich, wenn die Reussfähre bei Sulz in Betrieb ist. Das ist von April bis Mitte Oktober an Wochenenden der Fall. Ausserhalb dieser Zeit wandert man entweder auf der linken Flussseite von Bremgarten bis Fischbach-Göslikon oder auf der rechten Flussseite von Bremgarten bis Gnadenthal (Bushaltestellen an beiden Orten).

START: Bahnstation Bremgarten

ROUTE: Auf der linken Flussseite bis zur Reussfähre Sulz, mit dieser über den Fluss und nun auf der rechten Seite wieder flussaufwärts bis zur Bushaltestelle Eggenwil, Dorfplatz.

KENNDATEN: Länge 9,9 km, je 60 m Auf- und Abstieg, ca. 2 1/2 Std.

VARIANTEN: **Nach Fischbach-Göslikon:** Bei der Reussfähre Sulz auf der linken Flussseite bleiben und nach Fischbach-Göslikon, Zentrum, wanden.
Zurück zum Ausgangspunkt: Von Eggenwil zurück nach Bremgarten wandern.

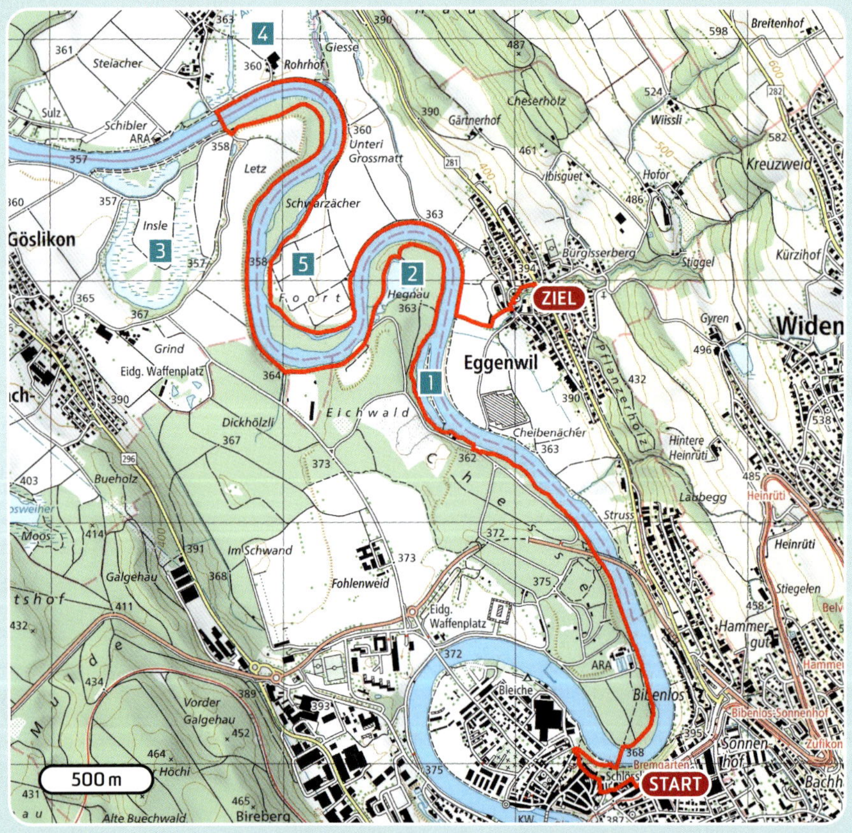

1 Revitalisierter Seitenarm Eggenwiler Sporen

Frischwasserkur für einen alten Arm! Vor mehr als hundert Jahren wurde hier ein Damm gebaut, und auf seiner Aussenseite bildete sich ein Hinterwasser, der Eggenwiler Sporen. Da dieses Seitengewässer nur über das untere Ende mit der Reuss verbunden war, stagnierte das Wasser und das Gewässer verlandete zusehends. 2007 wurde der Seitenarm wieder ausgebaggert und der Einlauf wieder geöffnet. Jetzt ist er wieder ein dynamisches Gewässer, das durch die Hoch- und Niedrigwasser der Reuss immer wieder neu gestaltet wird.

2 Neue Seen und Tümpel Hegnau

Aus Forst wird Auenland. Auf der Innenseite dieser ersten grossen Flussschlaufe unterhalb von Bremgarten wurde 2011/2012 ein gut ein Hektar grosser See angelegt und mit der Reuss verbunden. Solche stillen Gewässer sind willkommene ruhige Rückzugsorte, wenn

Start

1

3

5

die Reuss reisserische Hochwasser führt. Um den See gibt es jetzt zudem einige Tümpel. Diese sind begehrte Laichplätze für Amphibien – weil sie sich schnell erwärmen, und weil es hier keine Fische gibt, die die Eier oder Kaulquappen fressen könnten.

3 Neue Riedwiesen Tote Reuss

Auf der linken Flussseite liegt die Tote Reuss von Fischbach-Göslikon. Der Name Tote Reuss rührt daher, dass vor 200 Jahren hier ein Seitenarm durch einen Damm von der Reuss getrennt wurde. Der Altarm verlandete mehr und mehr, und Fische konnten im sauerstoffarmen Milieu kaum noch überleben. Viele Flächen im Gebiet wurden landwirtschaftlich intensiv bewirtschaftet.

Die Wende kam 2005. Nachdem der Kanton Land erwerben konnte, wurde der nährstoffreiche Oberboden abgetragen und wurden die Äcker und Felder wieder in Riedwiesen überführt; in höheren Lagen in trockene und in niedrigeren Lagen in feuchte Riedwiesen. Für Amphibien wurden Tümpel als Laichgewässer ausgehoben. Das eigentliche Altwasser der Toten Reuss wurde entschlammt.

4 Renaturierungen Alte Reuss

Auch auf der rechten Seite der Reuss bestehen Überreste eines Altarms. Diese «Alte Reuss» ist heute vom Fluss abgetrennt, im unteren Teil bringt der Küntenerbach frisches Wasser in den Altarm. 2013 hat der Auenschutzpark begonnen, das Schutzgebiet aufzuwerten. Jetzt gibt es Kleingewässer für Laubfrösche, Kreuzkröten und Gelbbauchunken, und ein nahegelegener Acker wurde in eine artenreiche Wiese umgewandelt.

5 Neue Seitenarme Foort

Auf der Innenseite der Reuss bei Foort haben sich 2004 Bagger durch den Uferwald gearbeitet. Sie haben zwei 500 Meter lange Seitenarme und ein kleineres, 150 Meter langes Gerinne ausgehoben. Das Projekt wurde zusammen mit Pro Natura geplant und durchgeführt. Damit sind nicht nur wertvolle Seitenarme geschaffen worden, es sind auch zwei Inseln entstanden, die ruhige Rückzugsorte für Tiere sind.

Schon bald konnte man sich über schöne Erfolge freuen. Der Laubfrosch etwa ist schnell in die neu entstandenen Tümpel zurückgekehrt. Auch der Eisvogel hat hier schon gebrütet, und ferner ist manchmal der Pirol zu hören. Zudem ist der Biber heute ein aktiver Baumeister in diesem Auengebiet.

«Unsere Fliessgewässer sind ungemein wichtig für die Biodiversität»

Interview mit Christine Weber, Leiterin der Forschungsgruppe Flussrevitalisierung, Eawag, Kastanienbaum (LU)

Christine Weber (links) mit einer Kollegin bei der Arbeit

Frau Weber, Sie sind Biologin. Braucht es Sie überhaupt bei Revitalisierungen von Flüssen? Das können doch die Wasserbauingenieure bestens? — Bei Flussrevitalisierungen in unserem dicht genutzten Land gibt es viele verschiedene Aspekte zu berücksichtigen. Die Wasserbauingenieure schauen beispielsweise, dass die revitalisierten Flüsse auch bei Hochwasser für uns Menschen sicher sind. Wir Biologinnen gehen auf die Bedürfnisse der Lebewesen ein und auf die ökologischen Prozesse. Dabei müssen wir eng zusammenarbeiten und versuchen, die Denkweise des Gegenübers zu verstehen. Hier hilft es, dass die Ausbildung heute vermehrt interdisziplinär angelegt ist.

Jahrhundertelang wurden unsere Flüsse verbaut, seit einigen Jahrzehnten werden sie wieder revitalisiert. Welchen Beitrag kann hier die Forschung leisten? — Ich benutze hier gerne das Bild eines Uhrwerks, in dem viele verschiedene Rädchen ineinandergreifen. Mit dem revidierten Gewässerschutzgesetz aus dem Jahr 2011 verfolgt die Schweiz das Ziel, bis ins Jahr 2090 4000 Kilometer Fliessgewässer zu revitalisieren. Die Forschung kann hier beispielsweise zeigen, wie man eine Wirkungskontrolle macht, sie kann Grundlagendaten liefern oder auch sicherstellen, dass Erfahrungen aus dem Ausland in Schweizer Projekte einfliessen.

Wie misst man denn den Erfolg einer Flussrevitalisierung? — Voraussetzung für eine Wirkungskontrolle ist, dass man sich klare Ziele gesetzt hat, was man mit der

Revitalisierung erreichen möchte. Und dann braucht es Methoden, um messen zu können, wie nahe man am gesetzten Ziel ist. Dabei muss man offen für Überraschungen sein. Bei Flussrevitalisierungen denkt man heute vor allem in Prozessen: Man schafft Raum für Dynamik, die die Grundlage ist für abwechslungsreiche Lebensräume und eine grosse Vielfalt an Insekten, Amphibien, Fischen, Flechten oder Vögeln.

Revitalisierungsprojekte kommen in der Schweiz eher schleppend voran. Könnten mit einer gezielten Forschung und Vermittlung der Erkenntnisse die Verfahren nicht beschleunigt werden? — Die Revitalisierungstätigkeit ist in den letzten Jahren gestiegen, das ist erfreulich. Eine bedeutende Rolle hat hier die Wissensvermittlung: Für die Behörden und Planungsbüros ist es wichtig zu wissen, wo und unter welchen Bedingungen sich eine Revitalisierung besonders positiv entwickeln kann. Damit können die zur Verfügung stehenden Gelder zukünftig noch wirkungsvoller investiert werden. Und Informationskampagnen helfen, in der Bevölkerung das Bewusstsein und die Bereitschaft für Revitalisierungen zu erhöhen.

Man spricht oft nur von den grossen Flüssen, wenn es um Revitalisierungen geht. Wie sieht es denn bei den vielen kleinen Bächen im Mittelland und den Bergbächen in den Alpen aus? Wie intakt sind die? — Die Schweiz ist effektiv das Land der vielen kleinen Bäche, 60 % der Fliessgewässer sind weniger als 2 Meter breit. Auch wenn es die aufwändigen Revitalisierungen an den grossen Flüssen eher in die Presse schaffen, so werden die meisten Projekte zurzeit an Bächen umgesetzt. Aktuell ist das durchschnittliche Projekt etwa 360 Meter lang und an einem Bach, der 1 bis 2 Meter breit ist. Oft sind das Freilegungen von Bächen, die vorher unterirdisch in Röhren verliefen.

In der Schweiz gibt es etwa 65 000 km Fliessgewässer, und bis 2090 sollen 4000 km davon revitalisiert werden. Das ist ja eigentlich sehr wenig. — Unsere Flüsse werden sehr stark durch den Menschen genutzt; gleichzeitig sind Fliessgewässer ungemein wichtig für die Biodiversität. Das sieht man etwa daran, dass 80 % der Arten in Gewässerlebensräumen vorkommen können, und dass der Anteil gefährdeter Arten im Vergleich mit anderen Lebensräumen am grössten ist. Ja, die 4000 Kilometer werden nicht genügen, um die Biodiversität zu halten. Neben der Revitalisierung braucht es den Schutz noch intakter Flussabschnitte sowie breitere naturnahe Uferbereiche.

ANHANG

Bildnachweis

Alle Bilder vom Autor ausser:

Albert Krebs: S. 156 rechts, 168, 210
Alessandro della Bella: S. 230
Christoph Benisch: S. 156 links
Dieter Florian CC BY-SA 3.0: S. 89 links
Eric Soder: S. 34 unten links, 42, 134
Erwin Senn: S. 235
Goran Dusej: S. 212 alle, 32 unten rechts, 213 oben und unten
Kanton Aargau: S. 20, 149
Marcel Ruppen: S. 36 unten rechts, 76, 102, 113, 132 rechts, 133 links, 133 rechts, 184, 216
Naturama: S. 38, 39 links, 40 rechts
Norbert Kräuchi: S. 72
Oekovision GmbH, Widen: S. 189 beide, 25, 26, 27, 28, 29, 39 rechts, 40 links, 64, 70, 92, 97 oben, 101, 111 unten, 138, 139, 145, 154, 158, 159, 163, 198, 213 Mitte, 220 oben, Umschlag hinten oben links
Peter Vonwil: S. 51, 112 beide, 122, 150, 151, 162, 173, Umschlag hinten oben rechts
Rainer Kühnis: S. 46, 87 oben, 88 beide, 89 rechts, 90, 91, 126
Robert Ott: S. 30 unten links
Sandra Ardizzone: S. 176
Siga CC BY-SA: S. 157
Stefan Kohl: S. 58 beide, 59, 60, 61, 62 alle, 63 oben und Mitte
Thomas Huntke CC BY-SA 3.0: S. 155
W. Rolfes, Prisma / imageBROKER: S. 166

Der Autor

Heinz Staffelbach ist promovierter Biologe ETH und seit vielen Jahren selbstständig als Autor und Fotograf in den Bereichen Natur, Biodiversität und Wandern tätig. Er hat mehrere Bestseller verfasst und ist seit vielen Jahren Wanderkolumnist für die NZZ am Sonntag. Zudem ist er als lösungsorientierter Coach mit seinen Gästen in der Natur unterwegs. Er wohnt in einem kleinen Weiler bei Winterthur.
www.heinz-staffelbach.ch

«Am meisten beeindruckt mich am Auenschutzpark, dass es – oft gleich am Stadtrand – faszinierende Auenlandschaften gibt, in denen man alles vergessen und voll in die Natur eintauchen kann. Das ist für unsere dicht bebaute Schweiz nicht selbstverständlich. Und bei der kleinen Bünz hat der Mensch gezeigt, was Grosses entstehen kann, wenn er sich in Gelassenheit übt und die Natur einfach mal machen lässt.»

Dank

Teamwork!

So wie der Bau eines neuen Auengebiets oder eine Renaturierung nur dank dem Einsatz vieler Menschen möglich ist – von den Stimmbürgerinnen über Planer und Ökologinnen bis zu den Bauarbeitern –, konnte auch dieses Buch nur dank dem Teamwork zahlreicher Beteiligter realisiert werden.

Besonders danken möchte ich dem Kanton Aargau und der Abteilung Landschaft und Gewässer. Insbesondere Bruno Schelbert für seine unermüdliche fachliche Unterstützung. Ein grosser Dank geht an Urs Bolz und Philipp Ramer vom AS Verlag für die tolle Zusammenarbeit.

Auch den folgenden Personen möchte ich herzlich danken für ihre Unterstützung, vom Fachinput zu einzelnen Tiergruppen über die Bereitschaft für ein Interview bis zur Bereitstellung wertvollen Fotomaterials. Allen gilt mein Dank – dieses Werk ist das Resultat, auf das alle in diesem Team stolz sein können.

Daniela Abegg, Alessandro della Bella, Christoph Benisch, Matthias Betsche, Yannick Chittaro, Gregory Churko, Goran Dusej, Josef Fischer, Krista Godderidge, Stefan Kohl, Norbert Kräuchi, Rainer Kühnis, Paul Lehmann, Ruedi Osterwalder, Marco Pfund, Jonas Ruckli, Marcel Ruppen, Jasmin Schmid, Erwin Senn, Eric Soder, Christian Tesini, Jacqueline von Arx, Gerhard Vonwil, Peter Vonwyl, Christine Weber, Markus Weder, Petra Zajec.

Heinz Staffelbach

Natur im AS Verlag

Alte Wälder sind die Seelen einer Landschaft. Wer mit offenen Sinnen in diese Räume eintritt, spürt die Kraft und die Wunder der Natur. Wälder sind die Stätten der Natur, in die wir wirklich eintauchen und in denen wir ein Universum von kleinen und grossen Wesen entdecken können. Das tut uns Menschen gut: Hier können wir abschalten und vergessen, hier finden wir Ruhe und Gelassenheit. Alte Wälder gehören zu den intaktesten Ökosystemen der Schweiz – und sie sind Lebensräume, die vor versteckten Überraschungen und spannenden Geschichten nur so strotzen.

Heinz Staffelbach
Urkraft Wald
Die ältesten Wälder der Schweiz
Finden – Wandern – Erleben
240 Seiten, Hardcover
ISBN: 978-3-03913-038-2

Was heisst Wildnis? Wann begann man über Wildnis zu sprechen? Was ist der Wert der Wildnis, und was macht sie mit uns? Diese Fragen sind von besonderer Aktualität, denn die Schweiz besitzt dank ihrer Topografie und Kulturgeschichte einmalige Wildnisgebiete. Eines entsteht nahe der Stadt Zürich: der Wildnispark Zürich Sihlwald. Der schweizweit erste Naturerlebnispark liegt mitten im Ballungsraum zwischen den Städten Zürich und Zug. Seit dem Jahr 2000 verwandelt er sich in eine einzigartige Form von Wildnis.

Caroline Fink
Sihlwald
wild und schön
176 Seiten, Hardcover
ISBN: 978-3-03913-009-2

Der Kanton Zürich ist Vorreiter für einen raumgreifenden Naturschutz. Auf seinem Territorium befindet sich eine aussergewöhnliche Vielfalt von Landschaftstypen. Die Zürcher Landschaften sind im Buch umfassend dokumentiert und thematisch gegliedert: Natur und Landschaft im Kanton Zürich, voralpin geprägte Landschaften, See- und Flusslandschaften, Landschaften der Auen und Moore, Waldlandschaften und Parklandschaften.

H. von Arx, Roth&Schmid,
H. Weiss, B. Nievergelt
Zürcher Landschaften
Zurich landscapes
256 Seiten, Hardcover
ISBN: 978-3-906055-54-1